memo Wissen entdecken

Katzen

Jaguar

Serval

Tabby-Katze

Löwe
mit Krone
auf einer
Schmuckplatte
(Limoges, 12. Jh.)

Tiger

43

44

45

46

47

48

49

50

51

52

53

54

55

56

57

58

59

60

61

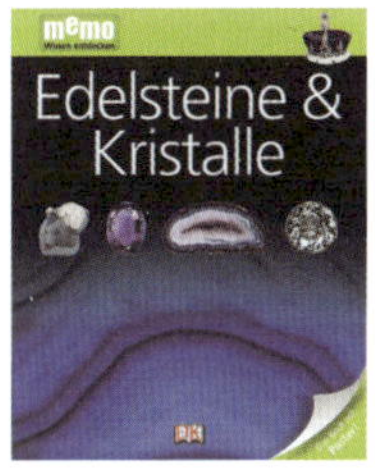

62

63

64

65

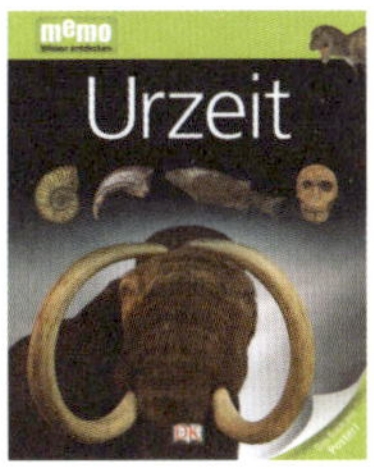

66

67

68

69

70

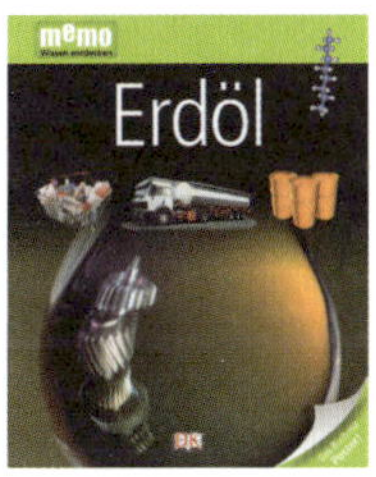

71

72

73

74

75

76

77

78

79

80

81

82

Kachel mit dem Löwen als Wahrzeichen des Evangelisten Markus (19. Jh.)

memo
Wissen entdecken

Junge Abessinier

Katzen

Text von
Juliet Clutton-Brock

Abessinier

Ozelot

Maine Coon

Schwarzer Panther

Creme-weiße Hauskatze

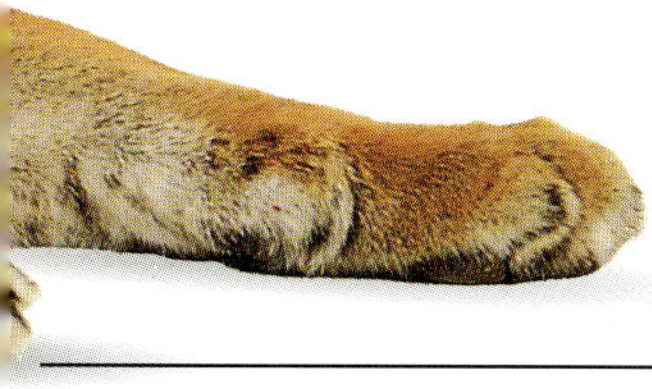

Pumawelpe

DK

Creme-gestromte Katze

Schwarz-weiße Hauskatze

Rotluchs

London, New York, Melbourne, München und Delhi

Projektbetreuung Gillian Denton
Cheflektorat Linda Esposito, Andrew Macintyre
Lektorat Helen Parker, David John
Herstellung Louise Barratt, Luca Bazzoli
Fachliche Beratung Kim Bryan
Redaktion Sarah Phillips
Bildredaktion Thomas Keenes, Julia Harris, Jane Thomas, Joanne Little, Rebecca Johns
Bildrecherche Sarah Pownall, Diana Morris
DTP-Design Siu Yin Ho
Fotos Dave King, Philip Dowell, Colin Keates ABIPP
Umschlaggestaltung Smiljka Surla

Für die deutsche Ausgabe:
Programmleitung Monika Schlitzer
Projektbetreuung Martina Glöde, Janna Heimberg
Herstellungsleitung Dorothee Whittaker
Herstellung Anna Ponton

Bibliografische Information Der Deutschen Bibliothek
Die Deutsche Bibliothek verzeichnet diese Publikation in der Deutschen Nationalbibliografie; detaillierte bibliografische Daten sind im Internet über http://dnb.ddb.de abrufbar.

Titel der englischen Originalausgabe:
Eyewitness Cat

Übersetzung Margot Wilhelmi, Cornelia Panzacchi (S. 64–71), Frauke Bahle (Poster)
Satz Roman Bold & Black

ISBN 978-3-8310-1889-5

Colour reproduction by Colourscan, Singapore
Printed and bound in China

Besuchen Sie uns im Internet
www.dorlingkindersley.de

Frühgriechische goldene Kettenplatte

Löwe

Puma

Inhalt

Leopard

Was ist eine Katze?

GUT ODER BÖSE?
In unserem Kulturkreis stellen Katzen oft gute oder böse Mächte dar. In dieser Szene (19. Jh.) kämpfen ein guter und ein böser Katzengeist vor einem Industriegebiet um die Seele einer Katzenfrau.

Unsere Hauskatzen gehören ebenso wie Löwen, Tiger und die vielen anderen Wildkatzen zur Familie Felidae aus der Säugetierordnung der Raubtiere. Wie alle Wirbeltiere besitzen die Katzen ein Innenskelett. Die Beine befinden sich unter dem Körper: eine Anpassung an schnelles Laufen. Als Säuger besitzen die Katzen ein vierkammeriges Herz, sie können ihre Körpertemperatur auf 37 °C regulieren und die Weibchen säugen ihre Jungen mit Milch aus besonderen Milchdrüsen. Die Zugehörigkeit zu den Raubtieren lässt sich am Gebiss erkennen: Katzen sind Fleischfresser. Trotz der gewaltigen Größenunterschiede in dieser Familie von der Hauskatze bis zum Sibirischen Tiger gleichen sich die Katzen in Aussehen und Verhalten. Das weiche Fell der wendigen Katzen weist oft eine schöne Flecken- oder Streifenzeichnung auf, sie besitzen spitze Ohren und große, scharfe Augen. Die meisten Katzen leben und jagen allein. Einzelgänger können allerdings nur kleinere Beutetiere erlegen. Löwen aber, deren Beute oft größer ist als sie selbst, jagen in Rudeln (S. 28–29). Die Hauskatze ist eins der beliebtesten Haustiere, denn sie ist nicht nur schön, sondern auch anschmiegsam, intelligent und verspielt.

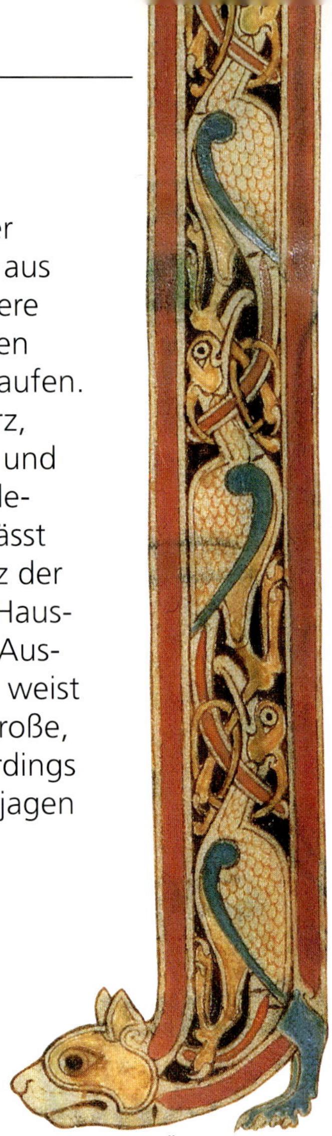

GEMÄSS DER SCHRIFT
Um das Jahr 700 entstand in Northumbria eine sächsische Bibel. Die aufwendigen Verzierungen dieser *Lindisfarne Gospels* enthalten viele Katzenmotive: Katzen waren schon damals beliebte Haustiere.

TARNUNG
Dieser Jaguar ist gut getarnt. Die Flecken und Streifen des Katzenfells dienen der Auflösung der Körperumrisse in verschiedenen Lebensräumen. Flecken und Streifen machen ihre Besitzer in Wald oder Steppe unsichtbar.

Die Tigerstreifen dieser Hauskatze sind von den wilden Vorfahren ererbte Merkmale.

Die Schnurrhaare sind Tastsinnesorgane, mit denen sich die Katzen im Dunkeln zurechtfinden.

ÜBERLEBENSKÜNSTLER
Hauskatzen sind sehr anpassungsfähig. Sie können im heißen Afrika ebenso leben wie im kalten Grönland, in Palästen ebenso wie in alten Scheunen. Hauskatzen sind die einzigen Katzen, die sich in menschlicher Obhut wohlfühlen und erfolgreich vermehren. Doch auch Geparden kann man zähmen.

KATZE AUS KATZEN
Während man Katzen im christlichen Abendland oft in den Bereich der schwarzen Magie rückte, galten sie im Fernen Osten meist als gute Zauberinnen. Diese japanische Darstellung eines Katzenkopfs besteht aus vielen Einzelkatzen – Ausdruck der Eigenwilligkeit dieser Tiere.

Die Mähne unterscheidet den Löwen von der Löwin. Bei anderen Katzenarten gibt es solche sekundären Geschlechtsunterschiede nicht.

GESELLSCHAFTSFÄHIG
Der Löwe ist die einzige Katze mit ausgeprägtem Sozialleben. Dadurch, dass Löwen in Rudeln jagen, können sie auch große Beutetiere wie Gnus und Zebras erlegen. Wie alle Katzen schleichen sich Löwen an ihre Beute heran, springen sie dann an und töten sie durch einen Biss ins Genick (S. 28–29).

Abgesehen vom Geparden (S. 42–43) können alle Katzen ihre Krallen in Knochenscheiden zurückziehen.

DIE KATZE GEHT IHRE EIGENEN WEGE
Rudyard Kipling beschreibt in dieser Geschichte den Zwiespalt zwischen menschlicher Tierliebe und dem einzelgängerischen, eigenwilligen Charakter der Katze.

TEERFOSSILIEN
In der Eiszeit fanden Tausende von Tieren in den Asphaltsümpfen von La Brea (Los Angeles) den Tod. Im Teer fand man u. a. 2000 *Smilodon*-Säbelzahntiger. Sie waren auf der Jagd ebenso wie ihre Beute im trügerischen Untergrund versunken und blieben auf diese Weise erhalten.

Die ersten Katzen

Schon vor Jahrmillionen lebten Katzen auf der Erde, von denen einige wesentlich größer und furchterregender waren als irgendeine heute lebende Art. Die ältesten Katzenfossilien stammen aus dem Eozän und sind etwa 50 Millionen Jahre alt. Aus diesen Stammformen entstanden die Vertreter der heutigen Katzengruppen: Die Kleinkatzen, zu denen zum Beispiel die Hauskatze gehört, sind mit über 5 Millionen Jahren älter als die Großkatzen wie Löwen und Tiger, die erst vor etwa 2 Millionen Jahren entstanden. Eine weitere Entwicklungslinie führte zu den heute ausgestorbenen Säbelzahnkatzen. Man nimmt an, dass sie mit ihren klingenartigen Eckzähnen die Kadaver verendeter Tiere aufschlitzten und sich von Aas ernährten, denn für gewandte Jäger war ihr Knochenbau zu plump. Am bekanntesten ist der amerikanische Säbelzahntiger *Smilodon*.

Die Zahnwurzel des Säbelzahns reicht fast bis zum Auge.

Ständig weiterwachsender oberer Eckzahn

Die großen Dolchzähne besaßen eine knöcherne Scheide im Unterkiefer.

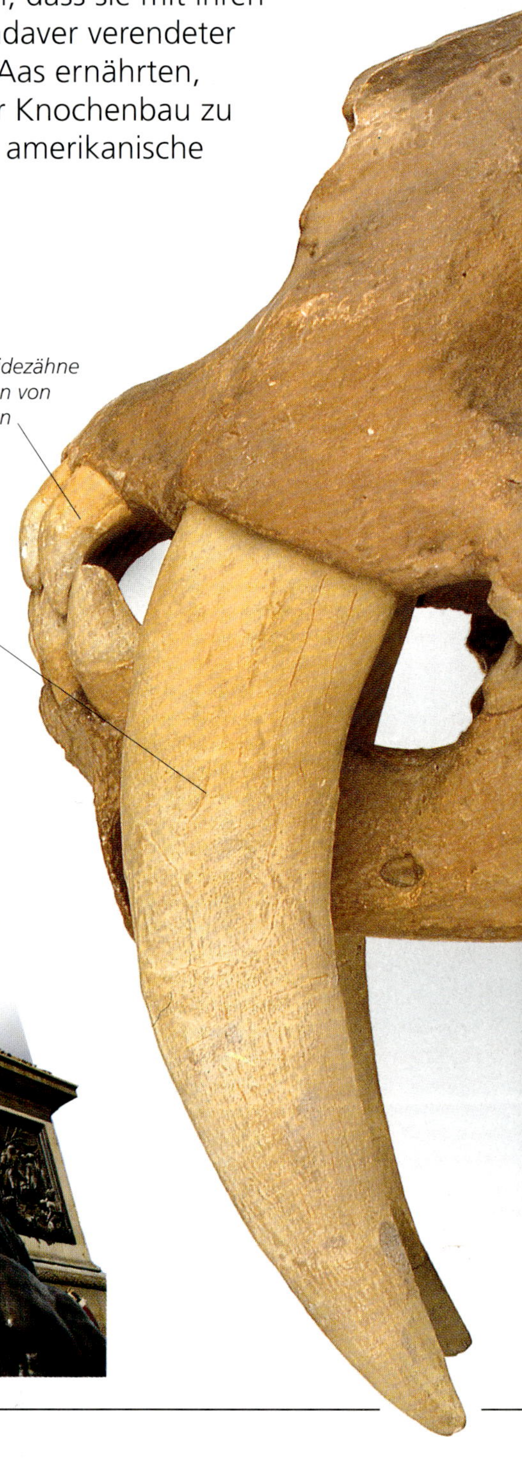

Große Schneidezähne zum Abbeißen von Fleischbrocken

Riesige Säbelzähne zum Aufschlitzen der Beute

BEUTELKATZE
Thylacosmilus sah zwar aus wie eine Säbelzahnkatze, war allerdings mit der Katzenfamilie nicht verwandt. Er gehörte zu den Beuteltieren, die vor etwa 5 Mio. Jahren, im Pliozän, in Südamerika mit vielen Arten weit verbreitet waren.

Eine künstlerische Rekonstruktion von *Thylacosmilus*

AM PASSENDEN ORT
Die Siegessäule am Londoner Trafalgar Square wird von Löwen des Bildhauers Edwin Landseer (1802–1873) umgeben. An der Stelle, wo heute im Herzen der Großstadt Landseers Löwen sitzen, fand man die Knochen ausgestorbener Löwen, die in der Eiszeit die britische Insel auf der Jagd nach Wisenten und Wildpferden durchstreiften.

Nachbildung eines *Smilodon*. Seine Fellfarbe bleibt ein Rätsel.

SMILODON

Diese große Säbelzahnkatze lebte in offenen Steppen. Wie heutige Löwen lebte und jagte *Smilodon* in Familienverbänden große Beutetiere wie Bison und Mammut. Diese Säbelzahnkatze starb erst in der letzten Eiszeit, vor etwa 14 000 Jahren, aus.

MIACIS

Miacis, ein ferner Vorfahr der Katzenfamilie, glich einem Baummarder, hatte aber längere Beine. Er lebte wahrscheinlich in den Tropenwäldern des Eozäns, vor etwa 50 Mio. Jahren. Die Fossilfunde stammen aus Deutschland.

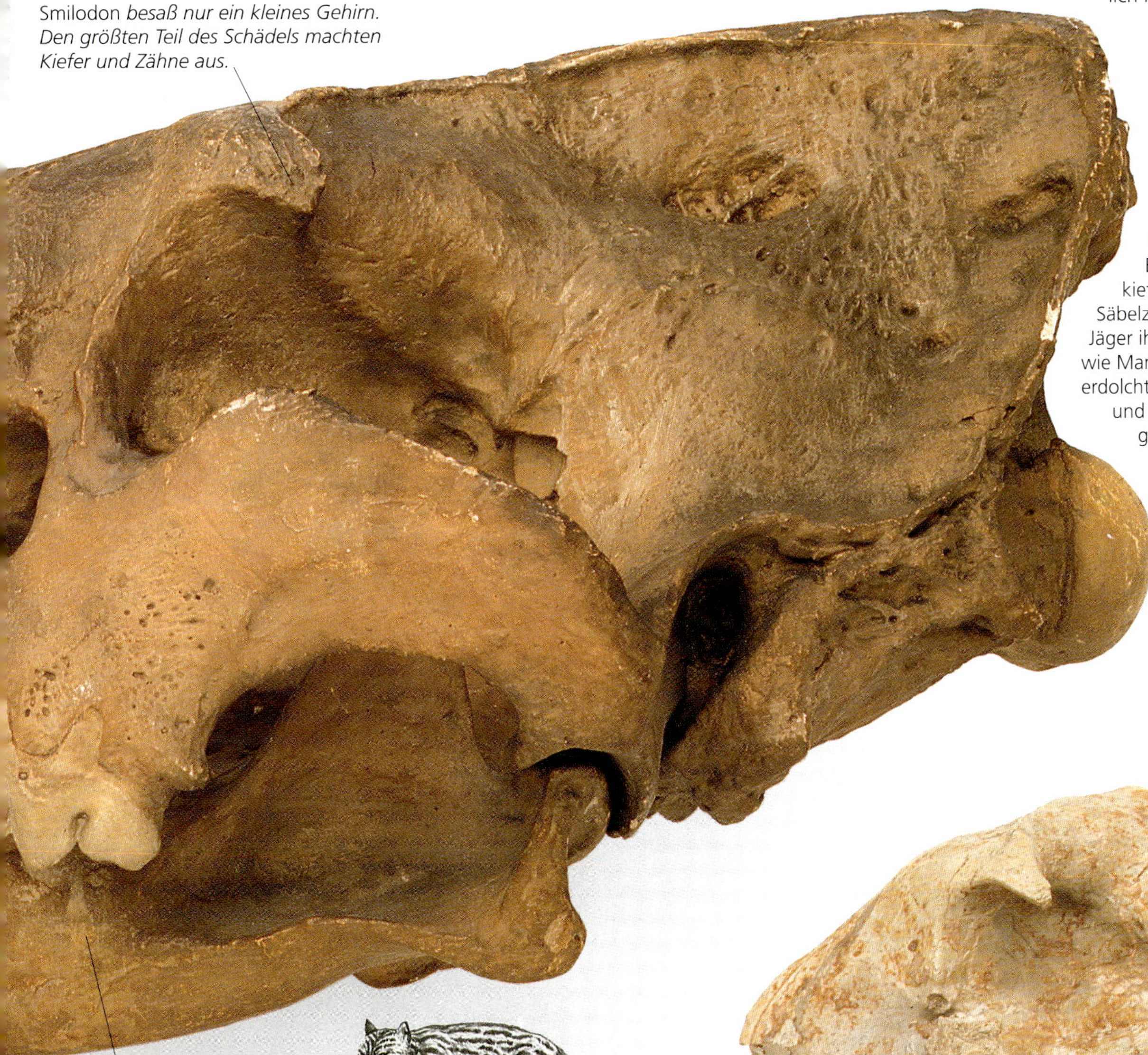

Smilodon besaß nur ein kleines Gehirn. Den größten Teil des Schädels machten Kiefer und Zähne aus.

Relativ schwacher Unterkiefer

DOLCHMÖRDER?

Bei *Smilodon* ragten die oberen Eckzähne weit über den Unterkiefer herab. Früher meinte man, die Säbelzahnkatzen hätten als gewaltige Jäger ihre Beute, große behäbige Tiere wie Mammuts, mit den langen Zähnen erdolcht. Doch mit niedrigen Hinterbeinen und kurzem Schwanz waren sie keine guten Springer, sondern ähnelten in ihrer Lebensweise eher Hyänen.

DINICTIS

Dinictis glich einem *Hoplophoneus*, war aber kleiner, etwa so groß wie ein heutiger Serval. Wahrscheinlich jagte er wie dieser in der Steppe. Fossilfunde stammen aus Süddakota in den USA.

Säbelzahn

HOPLOPHONEUS

Eine der ältesten ausgestorbenen Katzen ist *Hoplophoneus*. Er lebte vor etwa 35 Mio. Jahren, im Oligozän, in Nordamerika. *Hoplophoneus* war nur entfernt mit *Smilodon* verwandt, besaß aber ebenfalls säbelartige Eckzähne.

Die Katzenfamilie

Alle Raubtiere leben als Jäger vom Fleisch anderer Tiere. Deshalb fasst man Marder, Bären, Hunde, Hyänen und Katzen zur etwa 200 Arten umfassenden Ordnung der Raubtiere (Carnivora) zusammen. Innerhalb der Familie der Katzen unterscheidet man vier Gruppen: die Kleinkatzen mit 28 Arten, zu denen auch die Hauskatze, aber auch so unterschiedliche Arten wie Schwarzfußkatze und Puma gehören, die Großkatzen (Löwe, Tiger, Jaguar, Leopard und Schneeleopard) und zwei Gruppen, die jeweils nur eine Art umfassen: Gepard und Nebelparder. Katzen sind behände Jäger. Sie haben hoch entwickelte Sinne und scharfe Zähne und sie sind die am meisten auf Fleischnahrung spezialisierten Vertreter der Raubtiere. Mit Ausnahme Australasiens, wo sie eingeschleppt wurden, war diese Familie ursprünglich überall auf der Erde verbreitet. Die Kleinkatzen unterscheiden sich von den Großkatzen nicht nur in ihrer Größe. Kleinkatzen können auch nicht brüllen. Unsere Hauskatze stammt von einer kleinen Wildkatzenart ab, *Felis silvestris*, die man auch heute noch in manchen Teilen Europas, Asiens und Afrikas findet.

URSPRUNG DER ARTEN
Der schwedische Botaniker Carl von Linné (1707–1778) führte die lateinischen Doppelnamen für Tiere und Pflanzen ein. Die Hauskatze nannte er *Felis catus*, den Löwen *Felis leo*.

PUMA
Die ersten Siedler in Amerika hielten den Puma oder Silberlöwen für einen Löwen, der seine Mähne verloren hatte. Doch er zählt trotz seiner Größe zu den Kleinkatzen, er schnurrt und faucht wie eine große Hauskatze.

ROTLUCHS
Der Rotluchs ist die häufigste Wildkatze Nordamerikas und gehört zur Gattung der Luchse, wenngleich er nicht so lange Ohren hat wie der europäische Nordluchs.

HAUSKATZE
Es gibt heute fast so viele Hauskatzenrassen wie Hunderassen. Sie alle stammen von der Wildkatze ab.

Kleinkatzen

Zu den Kleinkatzen gehören die kleineren Wildkatzen sowie die Hauskatze. Sie sind alle Einzelgänger und jagen vorwiegend nachts. Kleinkatzen findet man weltweit in ganz unterschiedlichen Lebensräumen. Leider wurden viele Arten wegen ihres herrlichen Fells fast ausgerottet.

Großkatzen

Großkatzen stehen an der Spitze der Nahrungspyramide und brauchen viel Fleisch. Daher benötigen sie für eine ausreichende Ernährung größere Reviere und sind deshalb seltener als kleinere Arten, die leichter Beute finden.

TIGER
Der Tiger ist die größte und schwerste aller Katzen. Sein Verbreitungsgebiet erstreckt sich vom tropischen Indien bis zum arktischen Sibirien.

FILMSTAR
Der Löwe steht oft als Zeichen für Qualität. Hier wird der bekannte brüllende Löwe für die Metro-Goldwyn-Mayer-Filme aufgenommen.

Sonderlinge

Nebelparder und Gepard unterscheiden sich deutlich von den anderen Katzenarten. Der Nebelparder ist sehr groß, in Verhalten und Schädelbau ähnelt er den Großkatzen, ansonsten aber den Kleinkatzen, und er brüllt nicht nach Großkatzenart. Der Gepard ist der einzige Hetzjäger unter den Katzen, alle anderen Arten schleichen sich an.

NEBELPARDER
Der vom Aussterben bedrohte, scheue Nebelparder lebt in den Wäldern Südostasiens. Er ist ein wahrer Kletterkünstler und jagt in den Bäumen Hörnchen, Affen und andere Tiere.

GEPARD
Im Gegensatz zu den anderen Katzen kann der Gepard seine Krallen nicht in Scheiden zurückziehen und ist ein Hetzjäger. Aufgrund seiner enormen Geschwindigkeit kann er neben den anderen Raubtieren in den afrikanischen Steppen bestehen.

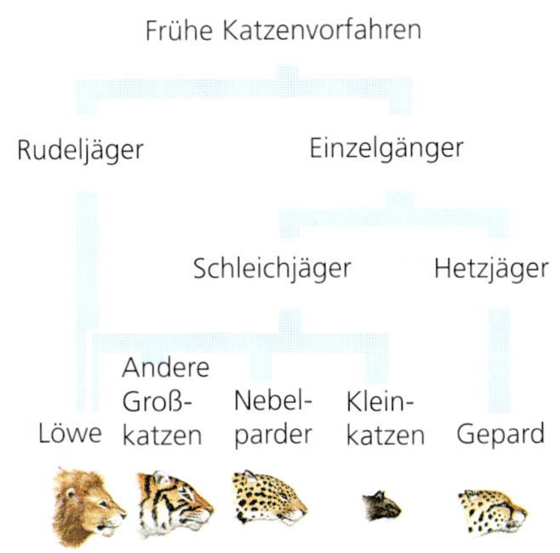

KATZENSTAMMBAUM
Die Verwandtschaftsverhältnisse und die Entwicklungsgeschichte der einzelnen Katzenarten sind noch nicht vollständig geklärt. In diesem Schema wird der Gepard aufgrund seiner Jagdmethode von den übrigen Katzen abgetrennt. Doch auch bei der Jagd gibt es Parallelen. So springen alle Katzen ihr Opfer an und töten es durch einen Biss in den Hals, ganz gleich ob sie sich vorher angeschlichen oder die Beute gehetzt haben.

Katzenknochen

Das Katzenskelett besteht aus etwa 250 Knochen. Zum einen stützt und schützt es die Weichteile des Körpers, zum anderen ermöglicht es die Wendigkeit dieser Tiere. Der Schädel zeigt bei allen Katzen Anpassungen an ein räuberisches Leben, die Beute kann nicht nur gerissen, sondern auch in kürzester Zeit verschlungen werden, ehe andere Raubtiere sie stehlen können. Die Augenhöhlen sind groß und rund, ihre Stellung ermöglicht ein weites Gesichtsfeld. Die Ohrenpartie des Schädels ist stark ausgeprägt und die kurzen Kiefer lassen sich weit öffnen. Katzen töten ihre Beute durch Bisse mit ihren langen Eckzähnen. Sie kauen ihre Nahrung nicht und fressen auch keine Knochen, sodass sie nicht so viele Zähne wie die Hunde benötigen.

AUF DER PIRSCH
Dieser Schneeleopard zeigt angriffslustig seine Zähne.

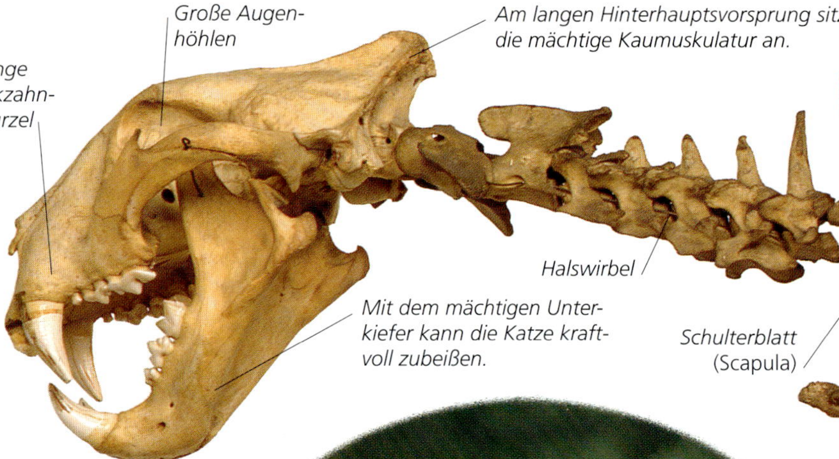

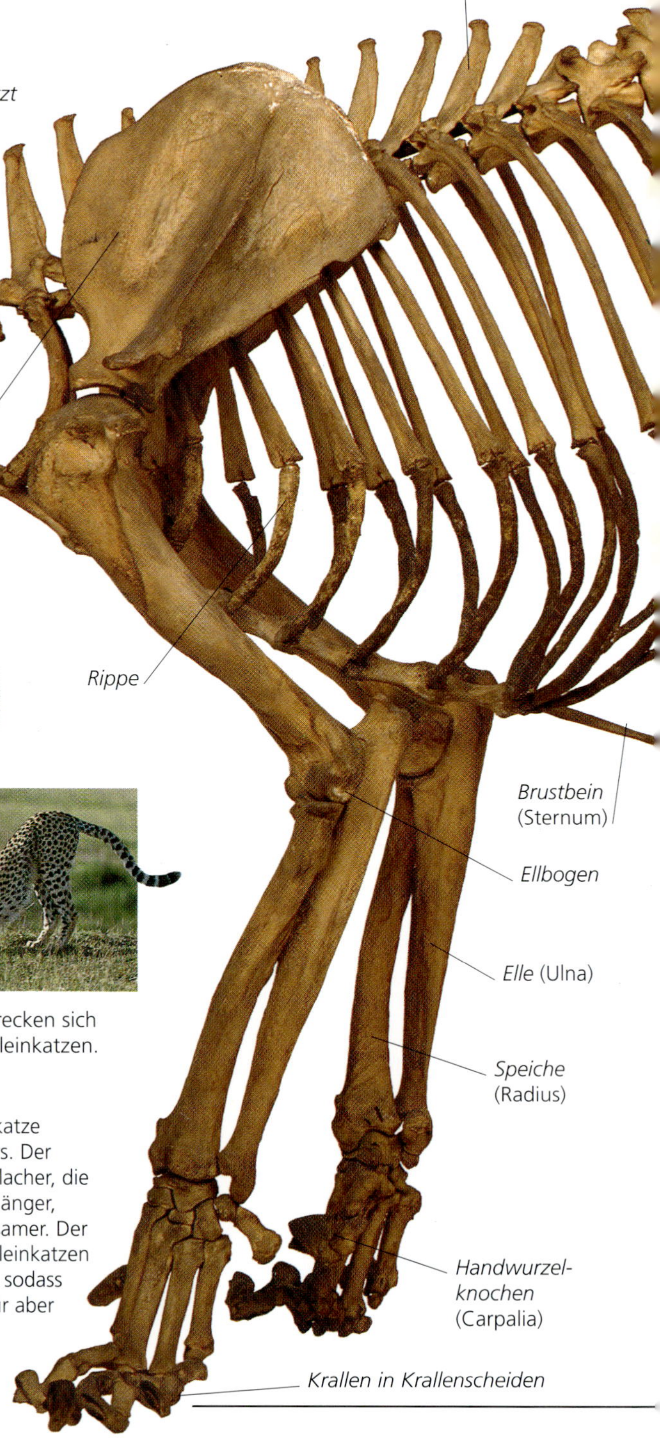

RICHTIG VERBUNDEN
Für die Jagd, zum Klettern und zum Putzen jedes einzelnen Körperteils benötigen Katzen einen sehr biegsamen Körper. Muskelverbindungen zwischen den Hals- und Rückenwirbeln ermöglichen es der Katze, sich in alle Richtungen zu drehen und zu wenden.

Großkatzen strecken sich genauso wie Kleinkatzen.

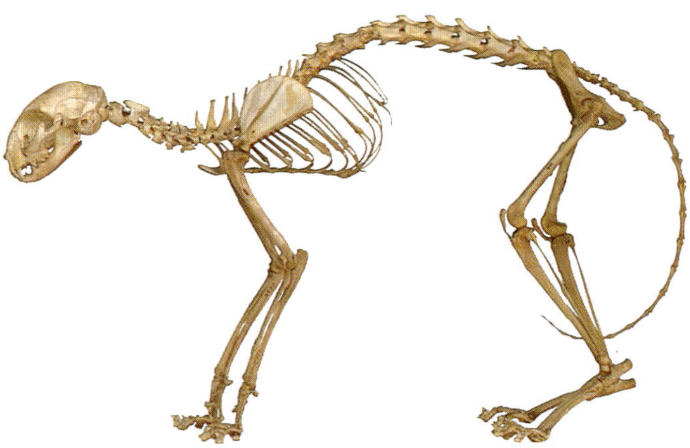

KATZENSKELETT
Das Skelett der Hauskatze gleicht dem des Tigers. Der Brustkorb ist jedoch flacher, die Krallenscheiden sind länger, der Schwanz ist biegsamer. Der Zungenapparat der Kleinkatzen ist völlig verknöchert, sodass sie nicht brüllen, dafür aber schnurren können.

KATZENSCHÄDEL
Bei diesem Schädel erkennt man die großen runden Augenhöhlen der Hauskatze, das kurzschnauzige Gesicht und die langen, spitzen Zähne. Bei einigen Rassen wurde die Schnauze so kurz gezüchtet, dass kaum Platz für die Zähne bleibt und die Katze schnauft, weil sie durch die platte Nase nur schwer atmen kann.

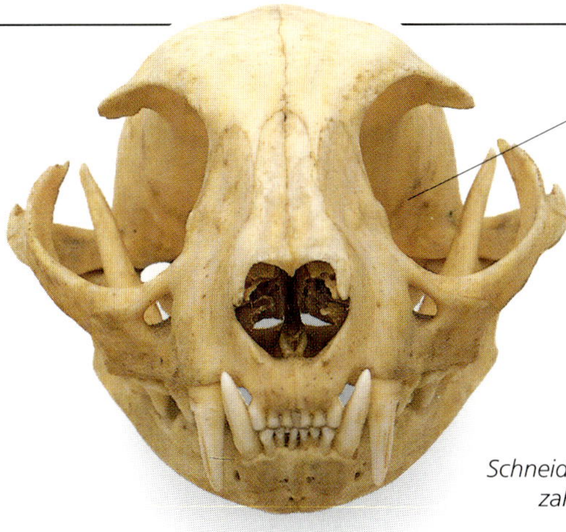

Hauskatzenschädel (Vorderansicht)

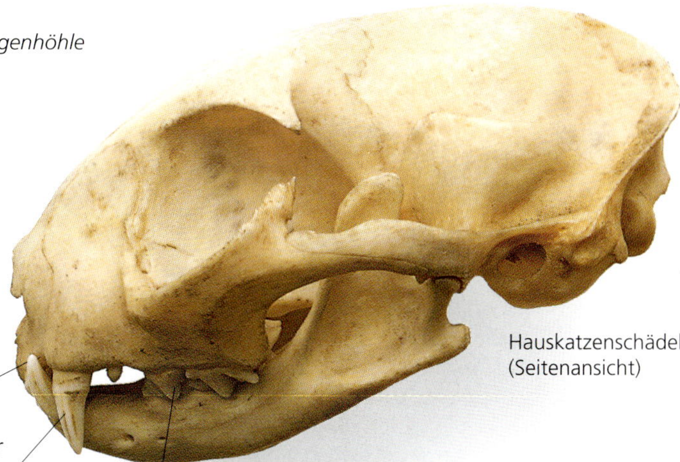

Hauskatzenschädel (Seitenansicht)

Tigerskelett

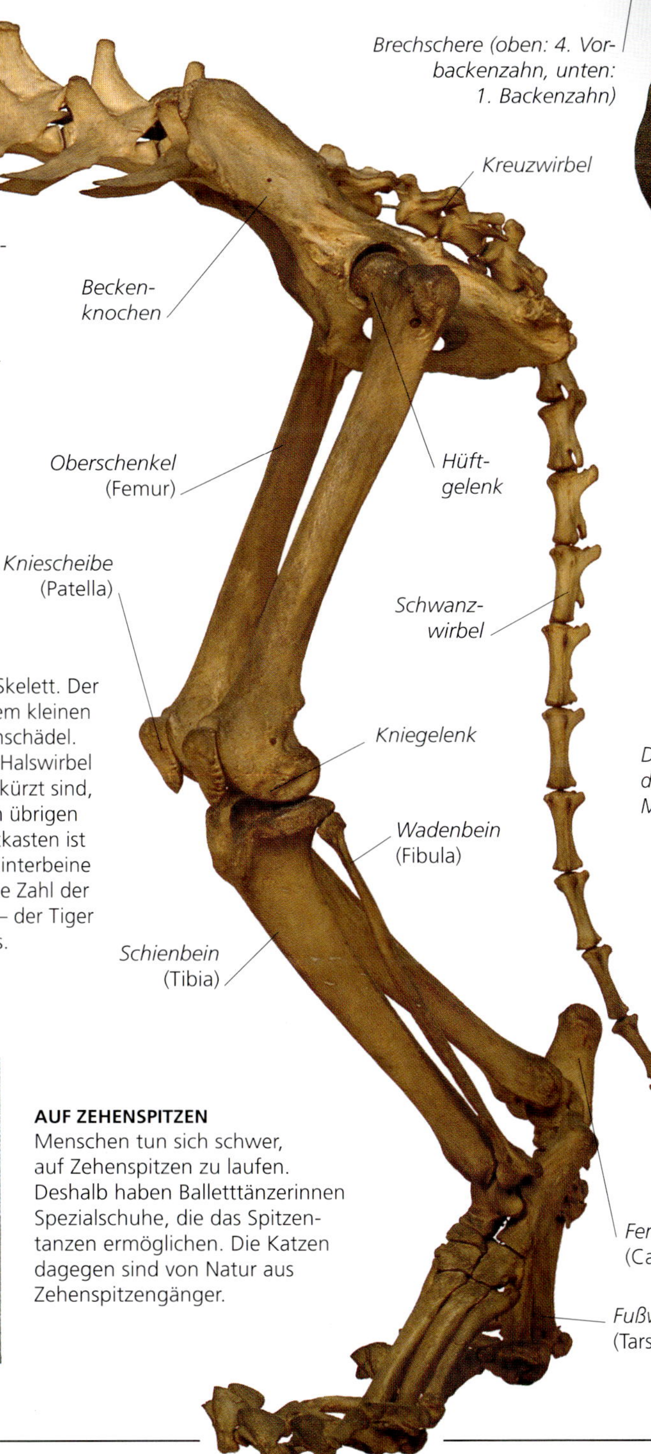

TIGERSKELETT
Alle Katzen besitzen ein ähnliches Skelett. Der rundliche Schädel besteht aus einem kleinen Gesichts- und einem großen Hirnschädel. Wie bei allen Säugern sind sieben Halswirbel vorhanden, die bei den Katzen verkürzt sind, sodass der Hals im Vergleich zum übrigen Körper recht kurz wirkt. Der Brustkasten ist groß und gewölbt, die kräftigen Hinterbeine sind länger als die Vorderbeine. Die Zahl der Schwanzwirbel ist unterschiedlich – der Tiger hat mehr als der Rotluchs.

MIT EINEM BISS
Diese Löwin kann mit einem einzigen Biss einen Knochen zerbrechen. Alle Katzen können ihr Maul weit aufreißen. Dies wird durch dicke Knochen am Kiefergelenk und kräftige Bänder ermöglicht, die direkt vor dem Ohr Ober- und Unterkiefer scharnierartig verbinden.

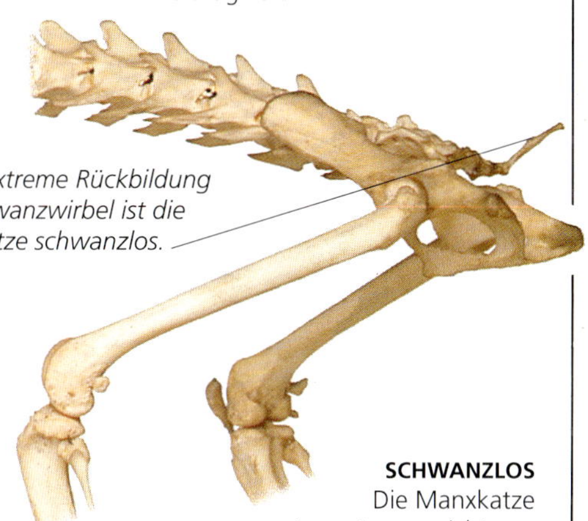

SCHWANZLOS
Die Manxkatze stammt zwar nicht von der Insel Man (sprich: Mähn) in der Irischen See, ist dort aber seit über 200 Jahren bekannt und daher nach dieser Insel benannt (S. 58–59). Die Schwanzlosigkeit wird auf Inzucht (Fortpflanzung innerhalb enger Verwandtschaft) zurückgeführt.

AUF ZEHENSPITZEN
Menschen tun sich schwer, auf Zehenspitzen zu laufen. Deshalb haben Balletttänzerinnen Spezialschuhe, die das Spitzentanzen ermöglichen. Die Katzen dagegen sind von Natur aus Zehenspitzengänger.

Katzenkörper

ERBKRANKHEIT
Das lockige Fell dieser Rexkatze ist eigentlich ein Erbfehler, der durch zufällige Veränderung des Erbguts entstanden ist. Durch Inzucht kommen solche Mutationen bei den Nachkommen zum Vorschein.

Katzen gehören zu den gewandtesten und geschicktesten Raubtieren. Sie können schnell reagieren, schnell töten und – um anderen Räubern nicht zu unterliegen – schnell fressen. Katzen sind sehr intelligent, deshalb ist bei ihnen der Gehirnschädel auch so groß. Durch die Spezialisierung auf leicht verwertbare Fleischnahrung ist der Darm recht kurz. Der Magen ist sehr dehnbar: Wenn eine Katze Beute gemacht hat, verschlingt sie große Mengen Fleisch auf einmal. Das reicht dann oft für mehrere Tage aus. Mit der rauen Zunge kann sie Fleisch von den Knochen schaben und ins Maul ziehen (S. 20–21).

Katzen besitzen zwar Schweißdrüsen, doch nur an den nicht vom dichten Pelz bedeckten Fußsohlen und an der Schnauze können sie auch wirklich schwitzen und Wärme abgeben. Männliche Katzen besitzen große Analdrüsen, die einen stechenden Geruch verbreiten, sodass viele Menschen ihre Kater allein deshalb kastrieren lassen.

FLEHMEN
Dieser Löwe flehmt: Er wirft den Kopf in den Nacken, öffnet das Maul und zieht die Oberlippen zurück, um herauszufinden, ob ein läufiges Weibchen in der Nähe ist. Im Gegensatz zu uns besitzen Löwen noch ein Jacobson-Organ im Gaumendach, mit dem sie wie Schlangen „riechen" können.

Katzenfell

Der Pelz hält die Katze warm, dient der Tarnung und trägt den persönlichen Duft. Die Tasthaare dienen der Orientierung (S. 16–17). Alle Wildkatzen besitzen ein Doppelfell: Der wollige Unterpelz wird von längeren, drahtigeren Grannenhaaren überdeckt. Dieser Überpelz trägt das arttypische Tupfen- oder Streifenmuster.

SONNEN- UND KATZENFLECKEN
Durch sein geflecktes Fell ist der Leopard im Licht- und Schattenspiel des Steppengebüschs schwer zu erkennen. Nur die gelben Augen leuchten und bewegen sich, damit ihnen keine Chance entgeht, fette Beute zu machen.

Tiger

Leopard

Panther

PELZPARADE
Im direkten Vergleich kann man die Fellzeichnungen der sechs Arten leicht unterscheiden. Man kann sich auch leicht vorstellen, warum diese Felle seit Jahrhunderten zu Pelzmänteln verarbeitet werden. Erst in den 1970er-Jahren hat man erkannt, dass der Pelzhandel zur Ausrottung der Tiere führt.

Jaguar

Ozelot

Serval

Krallen

Die Krallen bestehen wie unsere Fingernägel aus Horn (Keratin), einem Eiweißstoff. Die Hinterpfoten der Katzen besitzen vier Krallen, die Vorderpfoten fünf. Die fünfte Kralle sitzt seitlich an und dient der festen Verankerung beim Klettern und Festhalten der Beute.

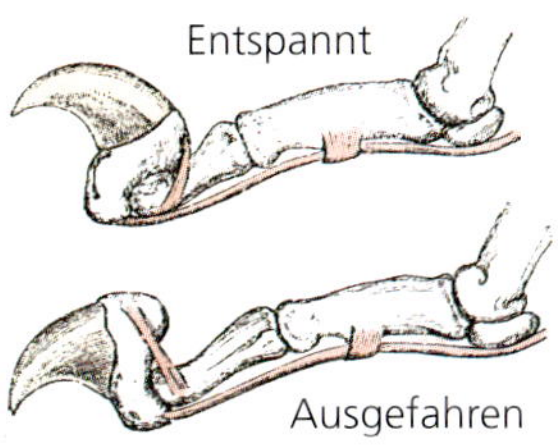

EINZIEHBARE KRALLEN
Abgesehen vom Geparden (S. 42–43) haben alle Katzen besondere, vom letzten Zehenknochen gebildete Krallenscheiden, in denen die Krallen bei entspanntem Muskel ruhen. Die Krallen können bei Bedarf blitzschnell ausgefahren werden, während sich gleichzeitig die Zehen strecken.

KRATZIGE KATZE
Eine Katze kann mit ihren scharfen Krallen auch im Spiel schmerzhafte Kratzwunden verursachen.

SCHNURRSPRACHE
Das Schnurren ist ein typisches Kennzeichen der Kleinkatzen. Der Zungengrund besteht bei den Kleinkatzen aus Knochen, nicht wie bei den Großkatzen aus Knorpel. Wenn dieser knöcherne Zungenapparat in Schwingung versetzt wird, schnurrt die Katze. Sowohl wilde Kleinkatzen als auch Hauskatzen schnurren, wenn sie sich wohl fühlen, beim Säugen oder auch wenn sie Angst oder Schmerz empfinden.

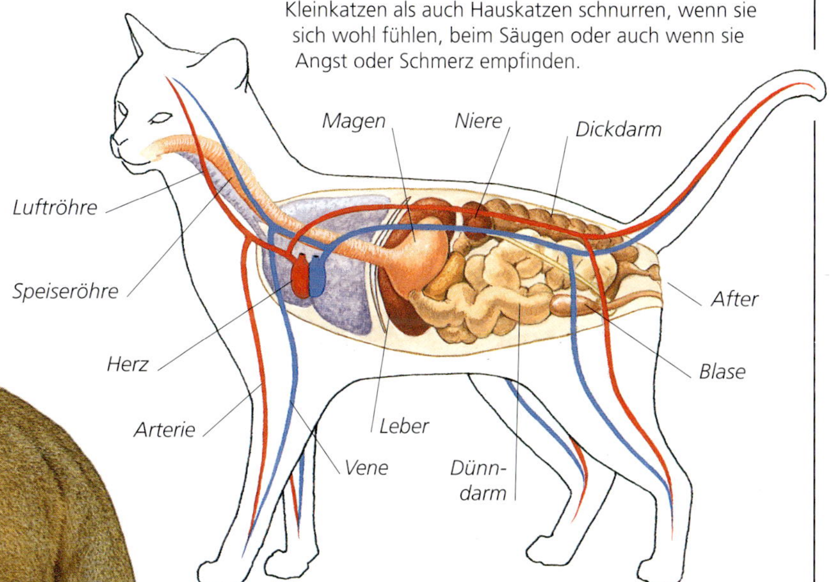

EINBLICKE
Dieses Bild zeigt die Lage der Eingeweide im Körper. Die Nahrung gelangt über die Speiseröhre in den Magen und von dort in den Dünndarm. Dort werden die verwertbaren Nährstoffe ins Blut aufgenommen. Die unverdaulichen Reste passieren den Dickdarm und werden über den After ausgeschieden.

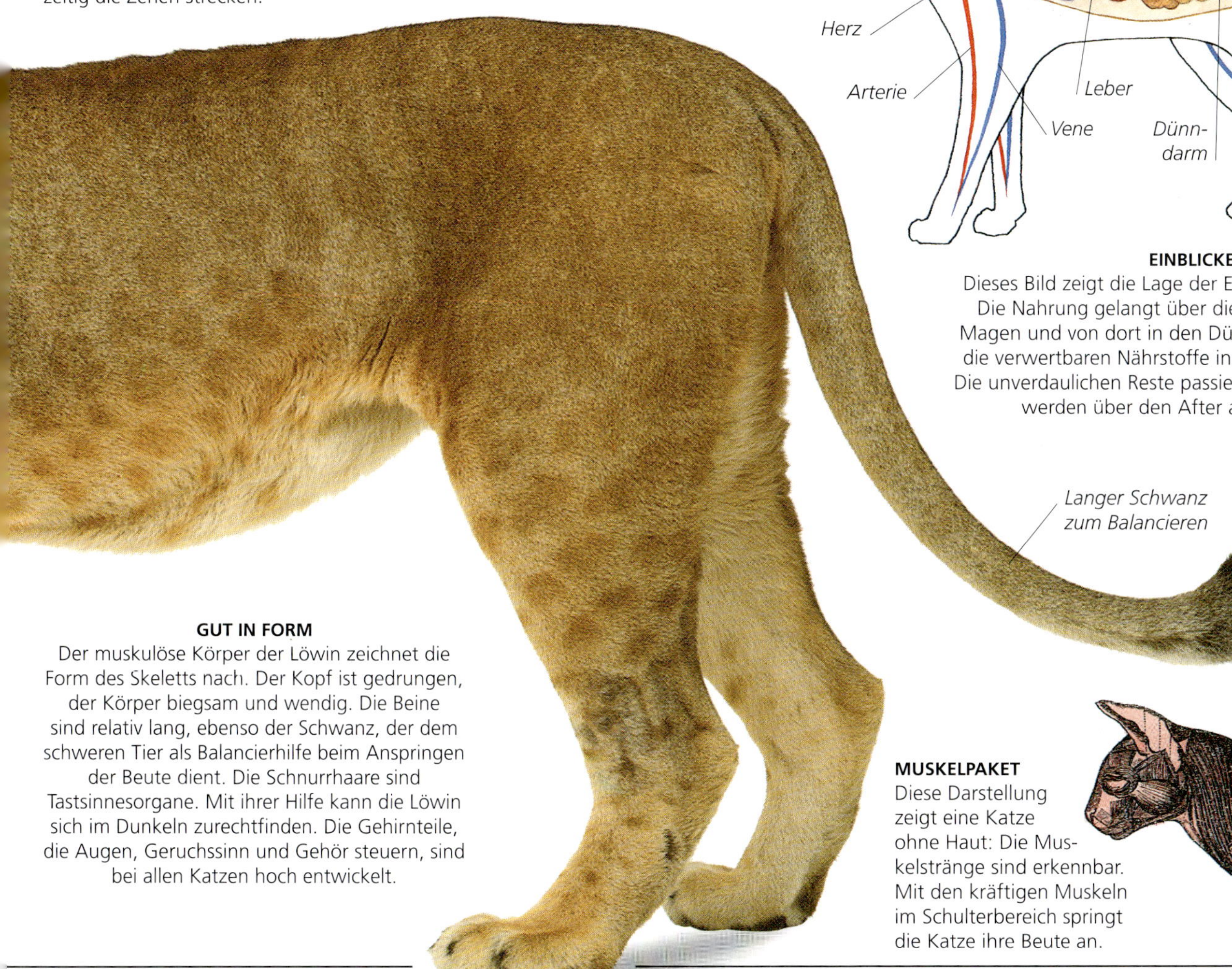

GUT IN FORM
Der muskulöse Körper der Löwin zeichnet die Form des Skeletts nach. Der Kopf ist gedrungen, der Körper biegsam und wendig. Die Beine sind relativ lang, ebenso der Schwanz, der dem schweren Tier als Balancierhilfe beim Anspringen der Beute dient. Die Schnurrhaare sind Tastsinnesorgane. Mit ihrer Hilfe kann die Löwin sich im Dunkeln zurechtfinden. Die Gehirnteile, die Augen, Geruchssinn und Gehör steuern, sind bei allen Katzen hoch entwickelt.

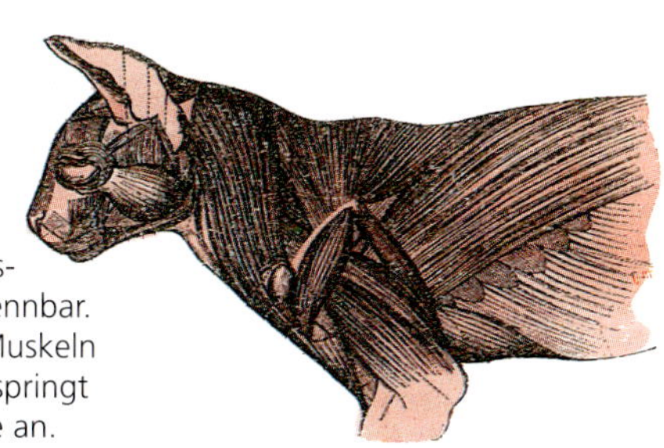

MUSKELPAKET
Diese Darstellung zeigt eine Katze ohne Haut: Die Muskelstränge sind erkennbar. Mit den kräftigen Muskeln im Schulterbereich springt die Katze ihre Beute an.

Katzensinne

Die meisten Wildkatzen sind Einzelgänger und jagen nachts. Mit ihren hoch entwickelten Sinnen können sie sich leise anschleichen, sehen, ohne gesehen zu werden, hören, ohne gehört zu werden, und im Dunkel der Nacht ihre Beute und ihren Weg auch riechen und ertasten. Kleinkatzen töten ihr Opfer schnell und verzehren es hastig. Dabei müssen sie immer auf der Hut sein, nicht selbst zum Opfer zu werden. Katzen besitzen einen Sinn, über den wir Menschen nicht verfügen, eine Art Geruchs-Geschmackssinn, mit dem unter anderem die Männchen feststellen können, wenn ein Weibchen paarungsbereit ist (S. 14). Die Fähigkeit der Katzen, auch aus größter Entfernung immer wieder nach Hause zu finden, ist sprichwörtlich. Ihre Supersinne machen es möglich. Es gibt Vermutungen, dass die Katzen zusätzlich zu den uns bekannten einen magnetischen Sinn haben, einen inneren Kompass, der ihnen den Weg weist.

NICHT ZU ENG!
Schnurrbart und Haare an Augenbrauen und Vorderpfoten reagieren empfindlich auf geringste Luftdruckunterschiede. So kann die Katze Zwischenräume beurteilen.

ZEIT FÜR EINEN DRINK
Ein Puma trinkt an einem Tümpel. Alle Katzen außer der Sandkatze brauchen regelmäßig Wasser, das sie scheinbar mit einem „siebten Sinn" finden.

KATZENAUGEN
Katzenaugen sind 6-mal lichtempfindlicher als unsere: Durch eine Licht reflektierende Schicht (das *Tapetum lucidum*) wird das einfallende Licht besser ausgenutzt. Diese Schicht lässt Katzenaugen nachts im Scheinwerferlicht leuchten.

Pupillen im Dunkeln …

… und im Hellen

LICHT UND DUNKEL
Katzen besitzen große Augen und ein weites Gesichtsfeld, sodass sie ohne Kopfbewegung weit nach rechts und links sehen können. Im Dunkeln werden die Pupillen riesig, damit viel Licht ins Auge fällt. Im hellen Licht verengen sie sich bei den Kleinkatzen zu schmalen Schlitzen, bei den meisten Großkatzen zu winzigen Kreisen.

ZELLENGENOSSEN
1601 wurde der Graf von Southampton in den Tower von London gesperrt, weil er sich gegen Elisabeth I. aufgelehnt hatte. Es heißt, sein Kater habe den Weg vom Londoner Haus des Grafen zum Tower gefunden und sei über Dächer und Brüstungen zur Zelle des Grafen vorgedrungen. Doch wie sollte er hineingelangen? Der kluge Kater fand den Kamin der Zelle und kletterte hinunter zu seinem Herrn. Der außergewöhnliche Orientierungssinn der Katzen lässt diese Geschichte glaubwürdig erscheinen.

TASTEN, RIECHEN, PROBIEREN
Bietet man Katzen Nahrung an oder entdecken sie etwas Unbekanntes, nähern sie sich mit Vorsicht. Oft tasten sie erst mit der Pfote, ehe sie sich strecken und mit der Nase nachprüfen.

Die Katzennase ist nicht so empfindlich wie die der Hunde, doch die Katze kann viele Dinge damit erkennen.

Schildpatt-weiße Katze

FÜNF SINNE
Bei allen Katzen sind Augen, Ohren, Geruchssinn, Geschmackssinn und Tastsinn empfindlicher als bei uns. Wir können zwar besser Farben erkennen, doch Katzen sehen in der Dämmerung besser. Wenn es so dunkel ist, dass selbst eine Katze nichts mehr sieht, kann sie ihre Beute noch immer hören und sie findet sich mit Schnurrhaaren und tastempfindlichen Deckhaaren an Körper und Schwanz zurecht.

Große Ohrmuscheln leiten die Schallwellen zum Mittelohr. Mit ihnen kann die Katze eine Geräuschquelle genau anpeilen.

Die Augen einer aufmerksamen, gespannten Katze weiten sich. Bei Angst und Wut werden sie zu schmalen Schlitzen.

KATZENBART
Die Schnurrhaare sind Tastsinnesorgane. Die Haarwurzeln der steifen Schnurrbarthaare stehen mit Nervenenden in Verbindung. So kann die Katze bei Dunkelheit ertasten, was sich in ihrem Gesichtsbereich abspielt.

Duftstoffe gelangen durch die Nase zu empfindlichen Riechzellen in gekammerten, dünnwandigen Knochenhöhlen im vorderen Schädelbereich.

Mit der rauen Zunge leckt die Katze ihren Pelz und ihre Kinder und trinkt (S. 20–21). Der Geschmackssinn ist für die Katze wichtig. Sie verschlingt ihre Nahrung so rasant, dass sie diese auch schnell auf Genießbarkeit überprüfen muss.

Roter Abessinier

Wendige Wesen

Jeder Körperteil der Katze ist an Schnelligkeit und Beweglichkeit angepasst. Alle Katzen, selbst die schweren Tiger und Löwen, sind sehr wendig und können weit und sicher springen, allerdings (mit Ausnahme des Geparden, S. 42–43) keine langen Strecken schnell laufen. Die Jagdmethode der Katzen erfordert diese Wendigkeit, Kraft und Sprungsicherheit. Nur so können sie, wenn sie sich an ein Beutetier herangeschlichen haben, auf dessen Rücken springen und es treffsicher in den Hals beißen. Besonders kräftig ist die Brust- und Halsmuskulatur (S. 14–15), die Sehnen und Bänder sind sehr dehnbar. Die Schulterblätter sitzen seitlich am großen Brustkorb an (S. 12–13), sodass die Katze gut klettern und das Hauptgewicht auf die Vorderbeine verlagern kann. Kletterkatzen wie der Leopard (S. 32–33) besitzen einen langen Schwanz, der ihnen als Balancierhilfe dient. Alle Katzen sind Zehenspitzengänger (S. 12–13) und besitzen weiche, dicke Sohlenpolster, sodass sie sich geräuschlos anschleichen können.

PRANKENHIEB
Hinter dem Prankenhieb eines Löwen steckt so viel Kraft, dass er damit ein großes Tier töten kann.

Um möglichst viel Kraft in den Sprung zu legen, streckt die Katze die Hinterbeine weit nach vorn.

Sprungbeginn: Die Katze balanciert das Gewicht auf den Hinterbeinen aus.

Bei voller Sprunghöhe ist die Katze ganz gestreckt.

DER SATZ DER KATZ
Alle Katzen können springen. Wie andere Tiere auch stoßen sie sich dabei mit ihren kräftigen Beinmuskeln ab und balancieren den Sprung gleichzeitig mit dem Schwanz aus. Zusätzlich kann die Katze ihren Landeplatz mit großer Treffsicherheit bestimmen. Das ist auch wichtig, weil sie kleine, flinke Beute jagt.

NEUN LEBEN
Viele Kleinkatzen sowie der Leopard verbringen einen großen Teil ihres Lebens auf Bäumen. Ihr ausgezeichneter Gleichgewichtssinn ist eine Anpassung an die Jagd auf flinke Beutetiere im Geäst. Gleichgewichtssinn und Muskulatur sind so fein aufeinander abgestimmt, dass die Katze sich im freien Fall von der Rücken- in die Bauchlage drehen kann. Dabei dreht sie zuerst den Kopf, dann den Vorderkörper und zuletzt den Hinterkörper und kommt schließlich sicher auf den Füßen auf. Katzen können Situationen überleben, in denen andere Tiere umkämen – in der Fabel von den neun Leben der Katze steckt also sehr viel Wahrheit.

Pumababy

Bei langsamer Gangart werden die diagonal gegenüberliegenden Füße gleichzeitig nach vorn gesetzt.

ÜBUNG MACHT DEN MEISTER
Alle Katzenjungen müssen Körper und Glieder trainieren, bis sie so wendig und geschickt wie ihre Eltern sind. Mit seinen übergroßen Tatzen erscheint dieser kleine Puma tapsig. Doch durch spielerisches Lauf- und Beutefangtraining ist er bald so wendig wie seine Mutter.

MIT HÖCHSTGESCHWINDIGKEIT
Im schnellen Lauf stößt sich die Katze mit beiden Hinterbeinen ab, um sich so möglichst weit nach vorn zu katapultieren. Die Vorderpfoten aber werden in schneller Folge nacheinander aufgesetzt. Diese berühmte Bildsequenz (Eadweard Muybridge, 1887) zeigt deutlich die Bewegungsabfolge.

Die Vorderpfoten setzen auf, die Katze bringt die Hinterbeine nach vorn.

Alle vier Pfoten setzen auf.

ERFRISCHENDES BAD
Wenn es sein muss, können wohl alle Katzen schwimmen, doch nicht alle tun es gern. Der Tiger aber ist ein guter Schwimmer und verbringt viel Zeit im oder am Wasser. In den tropischen Regenwäldern Asiens stellt ein Bad im Fluss eine willkommene Erfrischung dar.

Die Haut hängt noch schlaff herab, die Muskeln sind noch nicht voll ausgebildet.

KLETTERÜBUNG
Alle jungen Katzen müssen klettern lernen. Zuerst haben sie, wie alle kleinen Kinder, Angst und können nicht recht einschätzen, was sie können und was nicht. Oft klettern sie zu weit hinauf ins Geäst und trauen sich dann nicht mehr herunter. Doch schließlich wagen alle außer den größten Angsthasen den Sprung in die Tiefe.

Mit dem Schwanz hält die Katze das Gleichgewicht wie ein Drahtseilakrobat mit seiner Balancierstange.

DRAHTSEILAKT
Diese Katze läuft problemlos über einen schmalen, hohen Zaun. Sicher setzt sie eine Pfote vor die andere, ohne das Gleichgewicht zu verlieren.

Die meisten Hauskatzen scheuen Wasser. Doch diese Katzen von Louis Wain (1860–1939) scheinen sich damit sehr zu amüsieren.

Katzenwäsche

Das, was wir als Katzenwäsche bezeichnen, ist eigentlich eine Beleidigung für jede Katze. Denn Katzen sind sehr reinlich. Großkatzen, Kleinkatzen, wilde und Hauskatzen verwenden viel Zeit auf ihre Körperpflege. Sie striegeln ihr Fell mit der rauen Zunge, entfernen Schmutz von den Fußsohlen und putzen ihr Gesicht mit den Pfoten. Bei der Körperpflege wird auch der persönliche Duft der Katze über den ganzen Körper verteilt und bleibt dann an allen Gegenständen hängen, an denen sie sich reibt. Das Putzen hat auch eine beruhigende Wirkung auf das Tier. Man weiß nicht, warum Hauskatzen ihren Kot vergraben, doch diese Angewohnheit ist sicher angenehm für den Katzenhalter. Viele Wildkatzen dagegen tun dies nicht. Der Tiger setzt seinen Kot zum Beispiel an den Reviergrenzen ab, damit andere Tiger diese Grenzmarken riechen. Auch das, was wir als „Wetzen" bezeichnen (S. 26–27), dient der Reviermarkierung. So ist die Reinlichkeit der Katzen nicht nur Selbstzweck, sondern Teil eines komplizierten Verständigungssystems, das auf dem Geruchs- und Tastsinn beruht.

Mit ihrem biegsamen Hals kann die Katze alle Körperteile erreichen.

BAUCHBÜRSTEN

Die Katze leckt sich Bauch und Brust. Sie bringt die „Fellfrisur" wieder in Ordnung und frischt ihren Eigengeruch wieder auf, nachdem sie ihre Kinder gesäugt hat oder von Menschen gestreichelt wurde.

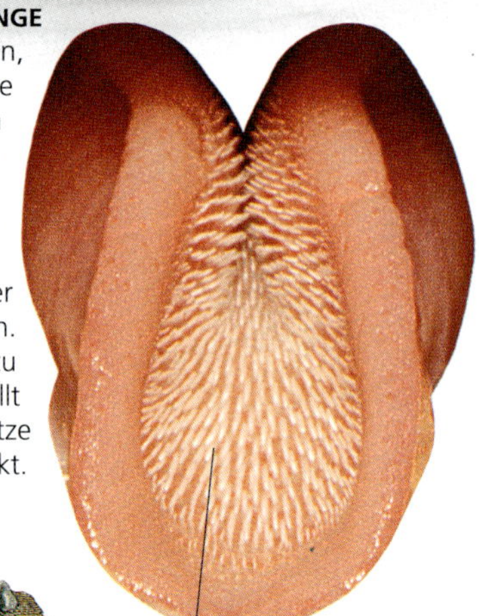

WERKZEUG ZUNGE

Die Katzenzunge dient zum Fressen, Trinken und als Waschlappen und Bürste zur Körperpflege. Bei allen Säugetieren ist die Zunge rau. Die Katzenzunge ist von harten, dornartigen Papillen übersät. Diese Papillen weisen alle nach hinten. Mit ihnen kann die Katze Fleisch von Knochen abraspeln oder auch Dosennahrung auflecken. Die Zunge kann auch zu einer Schöpfkelle gerollt werden, mit der die Katze Wasser trinkt.

Jede einzelne Papille hat die Form einer Miniaturzunge.

In der Vergrößerung sieht man die nach hinten weisenden Papillen.

WETTERWÄSCHE?
Diese Katze des japanischen Künstlers Ando Hiroshige (1797–1858) ist sehr menschlich dargestellt. Sie putzt ihre Ohren. Es heißt, wenn Katzen das tun, liegt Regen in der Luft.

Die Pfote wird zur Gesichtswäsche gut angefeuchtet.

GESICHTSPFLEGE
Die Katze leckt die Pfote ab und „wäscht" sich dann mit der nassen Pfote das Gesicht. Dabei wird der persönliche Duft von Drüsen im Kinnbereich auf die Pfoten übertragen und die Katze hinterlässt dann überall eine Duftspur.

SAUBERE PFOTEN
Wenn eine Katze in etwas Klebriges tritt, leckt sie es sofort ab. Damit die Pfoten immer einsatzbereit sind und um ihren Duft zu verbreiten, putzen Katzen die Pfoten besonders häufig.

Mit der rauen Zunge wird die Pfote für die Gesichtswäsche angefeuchtet.

SOZIALE KÖRPERPFLEGE
Diese Löwinnen reinigen sich gegenseitig an unzugänglichen Körperstellen. Dabei vermischen sich die Düfte der einzelnen Tiere. Es entsteht ein Rudelparfüm, an dem sich die einzelnen Familienmitglieder erkennen. Der Duft dient also der Gruppe als Erkennungszeichen wie eine Uniform.

PERSÖNLICHE NOTE
Beim Putzen der Beininnenseiten verteilt die Katze Duftstoffe aus ihren Kinn-, Anal- und Genitaldrüsen über den ganzen Körper. Dieser Duft ist ihre „Visitenkarte".

Bei ausgestreckten Beinen kommt die Katze mit ihrer Zunge bis in die Achseln.

Katz und Maus

TOM UND JERRY
Im Zeichentrickfilm führt die schlaue Maus den etwas dummen Muskelprotz Tom an der Nase herum – mit der Wirklichkeit hat das nicht viel zu tun.

In freier Natur leben alle wilden Katzenarten vom Fleisch ihrer Jagdbeute. Abgesehen von den Löwen (S. 28–29) jagen alle Katzen allein und töten in der Regel Tiere, die kleiner sind als sie selbst. Wenn sich ein Tier ganz still verhält, kann es unter Umständen der Aufmerksamkeit einer Katze entgehen, doch erfahrene Katzen bemerken ein Beutetier sofort allein mit Nase und Ohren. Da Katzen ein ausgezeichnetes Ortsgedächtnis haben, kommen sie häufig an solche Stellen zurück, an denen sie schon einmal einen Jagderfolg hatten. Katzen schleichen sich in geduckter Haltung an ihr Opfer heran, dann stürzen sie sich auf ihre Beute und schlagen ihre Eckzähne in deren Hals. Kleinkatzen jagen hauptsächlich Mäuse, Vögel, Eidechsen, Käfer und andere kleine Tiere. Großkatzen wie der Leopard jagen größere Tiere von der Größe einer Ziege und zerren ihre Beute oft auf einen Baum, um sie vor anderen Raubtieren in Sicherheit zu bringen. In Menschenobhut spielen Hauskater oft mit ihrer Beute – wahrscheinlich in Fortsetzung des kindlichen spielerischen Jagdtrainings.

Wenn sich eine Katze anschleicht, drückt sie sich an den Boden.

Sohlenpolster ermöglichen ein lautloses Anschleichen.

SPRUNGBEREIT
Ein schwarzer Leopard (Schwarzer Panther) schleicht sich an, um sich auf eine Beute zu stürzen – der ganze Körper ist gespannt. Alle Katzen schleichen sich immer erst lautlos so weit an ihr Opfer heran, bis sie es sofort oder nach einem kurzen Spurt anspringen können. Ihrer Beute nachjagen können die Katzen (mit Ausnahme des Geparden) nicht.

MITTELALTERLICHE MÄUSEJÄGER
Dieses Bild aus dem *Harleianischen Bestiarium* (13. Jh.) ist eine der ersten bekannten Darstellungen von Katzen mit einer Ratte. Die Katzen sind allerdings nicht sehr naturgetreu abgebildet.

ÜBERRASCHUNGSANGRIFF
Katzen sitzen oft an Stellen, von denen sie einen guten Überblick haben, ohne selbst gesehen zu werden. Diese Katze saß völlig geräusch- und bewegungslos auf einem Zaun und beobachtete, was im Gras unter ihr vorging. Jetzt stürzt sie sich auf ein ahnungsloses Beutetier.

Schwarzer Panther

VON BERUF FISCHER
Die indische Fischkatze besitzt kleine Schwimmhäute zwischen den Zehen und ist ein ausgezeichneter Schwimmer. Sie soll sogar nach Fischen tauchen. Daneben frisst sie Säuger, Vögel, Frösche und Krebse.

STIMMUNGS-BAROMETER
Zufriedene oder auf eine Sache konzentrierte Katzen wedeln leicht mit dem Schwanz, verärgerte Katzen schlagen damit um sich.

WETTRENNEN AUF LEBEN UND TOD
Der Gepard und die Springböcke beobachten einander misstrauisch. Solange die Antilopen dicht beisammenbleiben, kann ihnen nichts passieren. Einzelne Tiere aber, die sich etwas zu weit von der Herde entfernt haben, sind dem Geparden ausgeliefert. Er verfolgt sie mit großer Geschwindigkeit und schlägt sie mit einem Prankenhieb nieder.

GELERNTER MÄUSEFÄNGER
Viele Katzen spielen mit ihrer Beute, ehe sie sie töten. Katzenmütter zeigen auf diese Weise ihren Kindern die Fangtechnik. Bei Hauskatzen tritt dieses Spielverhalten bei erwachsenen Katzen oft auch dann auf, wenn sie keine Jungen haben. Vielleicht legen diese Katzen den kindlichen Spieltrieb einfach nie ab.

Eine Katze behandelt ein Spielzeug wie ein Beutetier.

FÜR DEN GROSSEN HUNGER
Mit seinem gewaltigen Gebiss kann der Tiger große Tiere zerlegen. Bis zu 50 kg verschlingt er auf einmal.

Serval

HÄHNCHEN ZUM ABENDESSEN
Dieser Serval hockt sich wie andere Kleinkatzen zum Fressen auf die Hinterbeine. Großkatzen legen sich hin und nehmen die Beute zwischen die Vorderbeine. Kleinkatzen beginnen ihre Mahlzeit am Kopf, den sie ohne zu kauen verschlingen.

Kinderstube

Leopardin mit Jungen vor ihrer Höhle

Alle Katzenkinder, Tiger ebenso wie Hauskatzen, werden blind geboren. Erst wenn die Jungen etwa neun Tage alt sind, öffnen sich die Augen. Doch auch dann sind sie noch sehr hilflos und auf ihre Mutter angewiesen. Diese sorgt allein für die durchschnittlich vier Welpen eines Wurfs, der Vater beteiligt sich nicht an der Jungenaufzucht. Katzen brauchen einen sicheren Ort, um ihre Jungen zur Welt zu bringen. Hauskatzen suchen meist ein ruhiges, dunkles Plätzchen, zum Beispiel eine Schublade oder einen Schrank, auf. In freier Natur bringen alle Katzenweibchen, vom Luchs bis zum Tiger, ihre Welpen in einem „Nest" in geschützter Umgebung, meist in Höhlen, zur Welt. Die Entwicklungsdauer der Kleinkatzen im Mutterleib (Tragzeit) liegt bei 63 Tagen. Nach der Geburt säugt die Mutter ihre Jungen sechs bis acht Wochen, danach versorgt sie sie mit Fleisch. Die Tragzeit bei Großkatzen liegt zwischen 100 und 119 Tagen. Die Neugeborenen sind im Verhältnis zu den Eltern winzig und werden erst nach drei Monaten entwöhnt. Wenn sie die Größe der Eltern erreicht haben, verlassen sie ihre Mutter oder werden von ihr vertrieben.

KINDERSPIEL
Das Kätzchen auf dieser japanischen Bildrolle spielt mit einem Wollknäuel. Solche Spielzeuge dienen als „Beute", an der man Jagdtechniken ausprobieren kann.

LÖWENPAARUNG
Wenn eine Löwin paarungsbereit ist, bleibt der Chef eines Rudels stets in ihrer Nähe und verhindert, dass andere Löwenmänner seiner Frau zu nahe kommen. In den zwei bis drei Tagen der Hitze paaren sich die beiden häufig.

TRAUTE FAMILIE
Wenngleich die Lebensbedingungen der Hauskatzen ganz anders sind als in freier Wildbahn, bleiben die Instinkte der Wildkatzen dennoch erhalten. Diese Katzenwelpen sind schon entwöhnt, doch ihre Mutter umsorgt sie weiterhin. Entfernt man junge Katzen zu früh von ihrer Mutter, werden sie zu neurotischen, verstörten Erwachsenen, ähnlich wie es bei verwaisten Menschenkindern der Fall sein kann.

Über dem weichen Unterpelz wächst den Jungen der Erwachsenenpelz.

HAUSKATZEN-HOCHZEIT
Katzenweibchen paaren sich nur zur Brunstzeit mit einem Kater. Bei Hauskatzen ist das etwa zweimal im Jahr. Eine Begattung dauert nur wenige Sekunden, doch während der drei bis fünf Tage der Hitze kann sich ein Katzenweibchen mehrfach mit unterschiedlichen Partnern paaren (S. 61).

WAS BIN ICH?
Katzenwelpen besitzen oft eine andere Fellzeichnung als die Erwachsenen. Diese kleine Katze mit Flecken und Streifen und einem geringelten Schwanz ist ein Puma. Die Flecken verschwinden mit dem Wechsel des Jugendkleids. Auch Löwenbabys haben oft Flecken. Bei einigen Hauskatzenrassen, z. B. den Siamkatzen, haben die Jungen ein ganz helles Fell, das erst später dunkler wird.

Die Beine sind noch wackelig.

BALGEREI
Spielen gehört zum Erwachsenwerden. Im Spiel lernen die Jungen, wie man Beute jagt und tötet und wie man mit Artgenossen auskommt. Diese Katzen üben sich im Kampf. Dabei müssen sie auch lernen, wann man aufhören muss, damit es nicht zu ernsthaften Verletzungen kommt. Das Spiel stärkt auch die Muskeln und schult die Reaktionsfähigkeit.

MIT SICHEREM GRIFF
Katzenmütter bringen ihre Jungen beim leisesten Anzeichen von Gefahr in Sicherheit. Dabei packen sie sie mit den Zähnen an einer Hautfalte im Nacken und tragen sie weg, ohne dass sie den Kleinen dabei wehtun.

Rote Abessinierkatze mit Jungen

Die Mutter striegelt ihr Kind mit der rauen Zunge und macht es dabei mit ihrem Geruch vertraut.

Eine Katze hat mehrere Zitzenpaare. Jedes Katzenkind hat seine eigene Zitze und trinkt von keiner anderen.

Diese Katze hat Angst.

Typisch Katze

Im Verhalten zeigen Klein- und Großkatzen große Übereinstimmung. Sie alle bringen ihre Jungen in geschützten Höhlen zur Welt. Abgesehen von den Löwen sind alle Katzen Einzelgänger. Ihr Jagdrevier, sei es nun ein Garten oder ein Waldstück – markieren sie mit Kot und Urin. Sie tauschen ihre Düfte durch gegenseitiges Reiben und Belecken aus. Katzen unterhalten sich auch mit verschiedenen Lauten, sie können aggressiv fauchen oder freundlich miauend grüßen. Am Tag schlafen Katzen viel, denn sie sind meist Nachttiere. Das gilt auch für Hauskatzen und abgesehen von den Fütterungszeiten sind sie selten bereit, ihren Zeitplan dem ihrer Besitzer anzupassen. Im Gegensatz zu Hunden lassen sich Katzen nicht abrichten. Sie leben mit den Menschen, aber sie geben ihre Persönlichkeit nie auf.

MIT GEBRÜLL
Schon auf unsere frühen Vorfahren wirkte das Brüllen des Löwen beeindruckend und furchterregend. Doch das Gebrüll dient der Verständigung innerhalb des Löwenrudels, nicht dem Erschrecken anderer Tiere.

MITTAGSSCHLAF
Katzen brauchen viel Schlaf. In heißen Ländern schlafen sie bis zu 18 Stunden täglich und jagen nur, wenn es kühler ist. Doch sehr lange an einem Stück schlafen Katzen nicht. Sie schlummern auch nicht sehr tief, mit einem Auge blinzeln sie meist, damit sie Gefahren sofort bemerken.

Angelegte Ohren sind ein Warnzeichen.

Fauchen bedeutet: „Lass mich in Ruhe!"

FREUND …
Diese Katze fühlt ihr Revier durch die andere Katze bedroht. Sie hockt in Verteidigungsstellung und faucht. Manchmal sträuben Katzen in solchen Situationen auch die Haare, was sie größer erscheinen lässt.

SCHMUSEKATZEN
Soziale Katzen wie Hauskatzen oder Löwen bekunden ihre friedlichen Absichten durch „Köpfchenreiben". Man beobachtet dieses Verhalten häufig bei jungen Tieren, besonders wenn sie aufgeregt sind.

BEINREIBEN
Wenn Katzen an Menschenbeinen entlangstreichen, bedeutet das Zuneigung. Außerdem übertragen sie dabei ihren Geruch.

DUFTMARKEN

Katzen markieren ihr Revier mit Urin und den Sekreten ihrer Duftdrüsen. Sie strecken ihren Hinterleib vor einem Baum oder Pfahl in die Höhe und spritzen einen stechend riechenden Urinstrahl an diesen „Grenzpfosten“.

KRATZENDE KATZE

Katzen verbringen viel Zeit mit „Wetzen“ oder „Hakeln“. Sie strecken sich und kratzen mit den Krallen an einem Baumstamm (oder am Bezug eines Sofas). Dieses Verhalten dient wahrscheinlich weniger zum Schärfen der Krallen als deren Reinigung und dem Training der Beinmuskulatur. Manchmal lassen Katzenbesitzer ihren Katzen die Krallen entfernen, damit sie nicht die Wohnung zerkratzen. Dies widerspricht aber den natürlichen Bedürfnissen des Tiers und beeinträchtigt sein Wohlbefinden.

Der Katzenbuckel lässt die Katze größer erscheinen.

Das Schwanzschlagen deutet Erregung an.

... ODER FEIND?

Dieser Kater testet aus, wie weit er sich an die schildpattfarbene Artgenossin heranwagen kann. Da diese sehr ablehnend reagiert, wird er sich wahrscheinlich zurückziehen und dabei vorgeben, dass er etwas Anderes viel interessanter findet.

WETZENDE LÖWIN

Löwen können beim „Krallenschärfen“ die Rinde von Bäumen schälen.

KATZENCLUB

Diese Darstellung in einem Kinderbuch aus dem 19. Jh. zeigt Katzen mit eher menschlichen Zügen. Hauskatzen leben nur zusammen, wenn ausreichend Nahrung vorhanden ist. Meist handelt es sich um Großfamilien aus nah verwandten Weibchen, denen sich höchstens einige starke Kater anschließen.

KATZENROLLE

Groß- und Kleinkatzen wälzen sich auf den Rücken, um Zuneigung zu signalisieren. Katzenweibchen zeigen so auch ihre Paarungsbereitschaft. Man sagt deshalb auch, eine Kätzin in Paarungsstimmung ist „rollig“.

Der König der Tiere

PERSISCHER LÖWE
Dieser Teller aus dem Iran zeigt einen Löwen vor der aufgehenden Sonne – das Wahrzeichen der persischen Könige.

Vor über 10 000 Jahren, als die Menschen noch als Jäger und Sammler lebten, gab es Löwen in ganz Europa, Asien und Afrika. Löwen und Menschen waren Nahrungskonkurrenten und der Respekt der Menschen vor dem Löwen blieb bis heute erhalten. Abgesehen von einer kleinen Population im Nordwesten Indiens, findet man Löwen heute nur noch in Afrika. Sie leben in Familienverbänden von bis zu 12 Tieren und jagen gemeinsam. Dadurch können sie als einzige Katzen Tiere jagen, die größer sind als sie selbst. Die Jagd ist Frauensache. Die Aufgabe der Männchen ist die Revierverteidigung: Sie patrouillieren an den Reviergrenzen und markieren Bäume und andere Landmarken mit ihrem Urin (S. 26–27). Auch ihr Brüllen dient der Reviergrenzung. Eine Löwin wirft etwa alle zwei Jahre bis zu fünf Junge. Diese bleiben bei der Mutter, bis der nächste Wurf geboren ist. Seinen eigenen Kindern tut ein Löwenmann nichts, doch wenn ein fremdes Weibchen mit Jungen zum Rudel stößt, tötet er unter Umständen die Welpen, ehe er sich mit der Mutter paart.

DER KÖNIG
Die prächtige Mähne und die furchterregenden Eckzähne sichern dem Löwen die Herrschaft über seine Welt. Die Weibchen jagen zwar die Beute, doch der stärkere Löwenmann beansprucht das Vorrecht, sich seinen Teil zuerst zu nehmen.

Löwe und Löwin

Das Weibchen hat keine Mähne, diese würde es nur bei der Jagd behindern.

EINE KÖNIGIN
Alle Löwinnen eines Rudels sind miteinander verwandt – Schwestern, Töchter, Tanten. Ihr Körper ist kräftig, aber geschmeidig. So können sie sich leise anschleichen, ehe sie sich auf ihr Opfer stürzen.

DAS RUDEL
Ein Löwenrudel besteht immer aus mehr Weibchen (meist fünf bis neun) als Männchen (meist zwei). Während die Weibchen in der Regel im Rudel bleiben, verlassen es die jungen Löwenmänner, wenn sie erwachsen werden, und vagabundieren umher. Mit fünf bis sechs Jahren sind sie stark genug, um, meist mit ihren Brüdern, ein Rudel zu erobern.

IM STERNBILD DES LÖWEN
Menschen, die im Zeichen des Löwen geboren sind, sagt man nach, sie seien stolz, tapfer, stark und ichbezogen – wie der König der Tiere.

DANIEL IN DER LÖWENGRUBE
Der Israelit Daniel kam als Gefangener an den Königshof von Babylon. Er konnte die Träume König Nebukadnezars deuten und der König machte ihn zu einem mächtigen Mann. Doch seine Feinde verleumdeten ihn, man warf ihn in die Löwengrube. Daniel aber stand unter dem Schutz Gottes und die Löwen verschonten ihn.

DER LÖWE UND DAS EINHORN
In der Renaissance (15. und 16. Jh.) findet man den Löwen oft in Kunst und Architektur. Dieser französische Bildteppich zeigt den Löwen in friedlicher Eintracht mit dem Einhorn, dem Symbol der Reinheit.

DER LÖWE VON NEMEA
Als Sühne für einen Mord im Wahnsinn musste Herakles 12 Aufgaben lösen. Als Erstes erwürgte er einen Löwen, dessen Haut nicht durch Waffen verletzt werden konnte. Das Fell trug er von da an als Mantel.

Der Tiger

Die größte aller Katzen ist der Tiger. Er war einst in den Wäldern Indiens und Südostasiens und von China bis Sibirien verbreitet. Heute gehört diese Großkatze zu den vom Aussterben bedrohten Arten. Man findet den Tiger nur noch in wenigen Urwaldreservaten und in Sumpfgebieten wie dem Gangesdelta. Die größte Unterart des Tigers ist der Sibirische Tiger, von dem es nur noch etwa 450 wild lebende Exemplare gibt. Man hat diese schönen Katzen bis an den Rand der Ausrottung bejagt und ihr Lebensraum wird immer weiter zerstört. Tiger jagen als Einzelgänger große Beutetiere wie Hirsche und Wildschweine und beanspruchen ein entsprechend großes Revier, um ausreichend Beute zu finden und überlebensfähig zu bleiben. Tiger können ihrer Beute nur über kurze Strecken nachjagen, wie alle Katzen müssen sie sich nahe genug an ihr Opfer heranschleichen, wenn die Jagd erfolgreich sein soll. Vor allem in den Tropen verbringen Tiger viel Zeit im kühlen Wasser. Auch Beutereste verstecken sie oft im Wasser oder in einem Dickicht.

STURMTIGER
Auf diesem Bild von Henri Rousseau (1844–1910) ist der gut getarnte Tiger im vom Regen gepeitschten Urwald kaum zu entdecken.

FURCHTBAR SCHÖN
Zwar nennt man den Löwen mit seiner Mähne und seiner stolzen Erscheinung König der Tiere, doch furchterregender ist der Tiger. Ein Bengalischer Tiger erreicht bis zu 260 kg, ein Sibirischer Tiger wird noch schwerer. Der jährliche Nahrungsbedarf eines Tigers umfasst etwa 70 Hirsche.

Die Streifen tarnen den Tiger im hohen Gras und im Wald.

Sehr langer, eng gestreifter Schwanz

Der massige Körper befindet sich relativ nah am Boden, sodass der Tiger z. B. in hohem Gras nicht zu sehen ist.

MASSENMORD
In Indien durften Tiger früher als „königliches Wild“ nur von Maharadschas gejagt werden. Im 19. Jh. aber, als Indien britische Kolonie war, wurden Tiger in großer Zahl bei Gesellschaftsjagden vom sicheren Elefantenrücken aus niedergemetzelt. 1888 schrieb die britische Regierung sogar eine Belohnung für tote Tiger aus. Heute steht der Tiger unter Schutz und die indische Regierung hat das *Projekt Tiger* ins Leben gerufen, um die Tiere vor dem Aussterben zu bewahren.

ZU VIEL GETRUNKEN?
Auf einem Bodenmosaik aus dem 1. bis 2. Jahrhundert, das man in London entdeckt hat, reitet Bacchus, der Gott des Weins, sorglos auf einem Tiger.

TIGER AM TOSENDEN BACH
Auf dieser Hängerolle (Kakemono) des japanischen Malers Kishi Ganku (1756–1838) ist ein furchterregender Tiger neben einem Wildbach dargestellt.

Menschenfresser

Normalerweise gehen Tiger dem Menschen aus dem Weg. Wenn aber ihre Beutetiere aufgrund menschlicher Einflüsse selten werden, fallen Tiger Haustiere und auch Menschen an. Für verwundete, alte und kranke Tiger sind Menschen die leichteste Beute. Um diese Unfälle zu vermeiden, versucht man in Indien, Menschen und Tiger voneinander fernzuhalten.

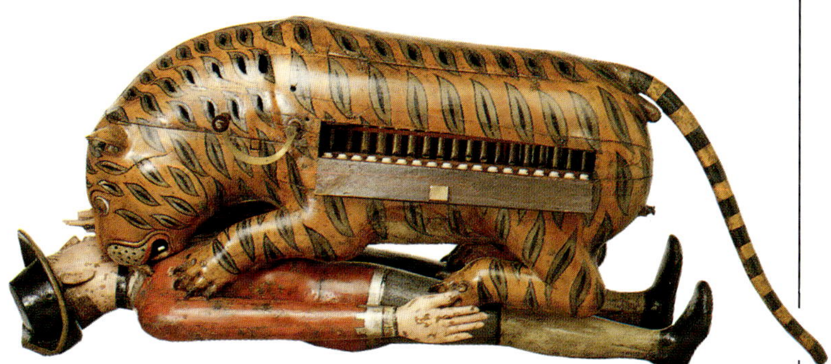

TIPPUS TIGER
Dieses große aufziehbare „Spielzeug" entstand Mitte des 19. Jh. in Indien. Zieht man den Tiger mit dem Hebel an der Seite auf, fällt er den englischen Soldaten an.

AUGEN AM HINTERKOPF
Tiger greifen fast immer von hinten an. In den Sumpfwäldern von Sundarban zwischen Indien und Bangladesch fand man heraus, dass eine Maske mit einem aufgemalten Gesicht Tiger davon abhält, Waldarbeiter anzugreifen.

Kletterkatzen

Leoparden sind sehr anpassungsfähig und kommen in fast allen Lebensräumen Afrikas und Südasiens vor. Sie sind die größten Baumkletterer unter den Katzen und erklimmen geschickt selbst senkrechte Stämme. Leoparden sind heimliche Räuber. Sie jagen in der Regel allein und meist nachts, nur gelegentlich kann man sie bei Tag beobachten. Leoparden erbeuten schon einmal ein Haustier, doch sie töten auch Ernteschädlinge wie Paviane und Rohrratten. Sowohl Männchen als auch Weibchen markieren ihre Reviere durch Urinmarken und verteidigen sie gegen Eindringlinge. Die Jungen bleiben bis zu einem Alter von etwa zwei Jahren bei der Mutter. Überall sind die Leopardenbestände gefährdet. Der Hauptgrund ist die Zerstörung ihres Lebensraums. Aber auch die starke Bejagung wegen ihres herrlichen Fells, das lange Zeit zu begehrten Pelzmänteln verarbeitet wurde, hat diese Katze an den Rand der Ausrottung gebracht.

SCHLAFZIMMER UND SPEISEKAMMER
Dieser Leopard muss augenscheinlich sein Mittagessen erst einmal verdauen. Oft tragen Leoparden ihre Beute auf Bäume, um sie nicht mit Aasfressern wie Hyänen und Schakalen teilen zu müssen. Auch zum Schlafen ziehen sich Leoparden gern auf Bäume zurück.

Leoparden brüllen nur selten. Sie verständigen sich mit einem heiseren Bellen.

LEOPARD
Die schwarzen Flecken auf gelbbraunem Grund sind eine hervorragende Tarnung, wenn dieses Tier im Laubwerk auf einem Baum liegt oder durchs lange, dürre Steppengras läuft. Wie viele andere Arten besitzen Leoparden warmer Länder ein kurzes Fell, in kälteren Regionen ein längeres, wärmeres.

ZUG DER HL. DREI KÖNIGE
Dieses Fresko des Renaissancemalers Gozzoli entstand im Auftrag der Medici in deren Palastkapelle in Florenz. Auf diesem Ausschnitt sieht man auf dem Pferd vor dem Leoparden den jungen Herzog von Lucca, dessen Familienwappentier der Leopard war. Im Vordergrund sieht man einen angeleinten Jagdleoparden.

Fleckenlos

Rezessive Gene bestimmen die Fellfarbe des Schwarzen Panthers. Er verhält sich aber nicht anders als gefleckte Leoparden und paart sich auch mit ihnen. Die Nachkommen können dann schwarz oder gefleckt sein. Schwärzlinge treten z. B. auch beim Jaguar und bei Hauskatzen auf.

PANTHER
Wenn man genau hinsieht, erkennt man, dass der Panther auch Flecken hat. Sie fallen auf dem schwarzen Untergrund nur nicht so auf.

BAGHIRA
Das Pantherweibchen Baghira tritt in Rudyard Kiplings *Dschungelbuch* als Beschützerin und Erzieherin des Menschenjungen Mogli auf.

SCHNEELEOPARD
Diese seltene Art ist mit dem Leoparden nicht näher verwandt, sondern bildet eine eigene Gattung innerhalb der Großkatzen. Sie kommt nur im Himalaja vor und jagt Wildziegen, Hasen und Murmeltiere.

Das Fleckenfell steht dem Leoparden viel besser als einem Menschen.

Der Schwanz ist lang und geringelt.

In den Krallenscheiden der scheinbar weichen Pfote verbergen sich scharfe Krallen zum Klettern und Töten.

BENINBRONZE
Diese Bronzetafel aus dem 16. oder 17. Jh. schmückte den Königspalast der Benin im heutigen Nigeria. In den Mythen der Benin war der starke, schöne, gute und weise Leopard der König des Urwalds und nur der König durfte einen Leoparden töten.

Der Jaguar

STÄMMIG
Diese Zeichnung verdeutlicht den gedrungenen Körperbau des Jaguars.

Die einzige Großkatze des amerikanischen Kontinents bekam ihren Namen von den Amazonasindianern. Sie nannten sie *jagwára* („fleischfressendes Tier"). Das Verbreitungsgebiet des Jaguars reicht von Mittelamerika bis in den kalten Süden Patagoniens. Bis vor Kurzem war er auch im Süden der USA noch recht häufig. Doch durch die fortschreitende Zerstörung seines Lebensraums ist er heute vom Aussterben bedroht. Hinzu kommt, dass man ihn in der Vergangenheit wegen seines herrlichen Fells stark bejagt hat. Der Jaguar erinnert an einen Leoparden, ist aber größer und gedrungener und nicht ganz so flink. Er lebt allein und jagt Tapire, Faultiere, Schildkröten und andere kleine Tiere. Er klettert nicht so gut und gerne auf Bäume wie sein Vetter, der Leopard, sondern jagt lieber am Boden oder im Wasser, wo er sich als guter Schwimmer erweist. Je nachdem, wie groß der Bestand an Beutetieren ist, beansprucht der Jaguar ein Revier von 5–500 Quadratkilometern.

KATZENKULT
In der südamerikanischen Mythologie spielte der Jaguar eine große Rolle. Dieses Tongefäß der Inkas aus Peru zeigt einen Jaguar, der sein Opfer verspeist.

Am Amazonas erzählt man sich, der Schwanz diene als Köder beim Fischfang.

MIT GRUNZEN UND KNURREN
Der Jaguar ist nicht so wendig und schnell wie der Leopard. Er brüllt auch nicht so häufig wie andere Großkatzen. Auf der Jagd gibt er häufig grunzende Laute von sich, bei Gefahr knurrt er. Jaguare lassen sich nur schwer zähmen und sind daher nur selten im Zirkus zu sehen.

Die dunkel geränderten Flecken gehen am Bauch in Tupfen über.

JAGUARRITTER
Die Aztekenkrieger gehörten entweder dem Adler- oder dem Jaguarorden an. Am Ende des Sommers fand eine Militärparade statt. Die Jaguarkrieger trugen ein Jaguarfell mit dem Kopf als Helm. Diese stilisierte Darstellung stammt aus einem aztekischen Buch, dem *Codex Cospi*.

WASSERKATZE
Bevorzugter Lebensraum des Jaguars sind die dichten tropischen Regenwälder Südamerikas. Die Waldjaguare sind dunkler als die Steppenformen. Sie schwimmen gut und können sogar Krokodile töten. Die Menschen am Amazonas glauben, dass Jaguare Fische mit ihrem Schwanz ködern und dann mit den Pfoten packen. Sie fressen außerdem Wasserschildkröten, Vögel und Säuger.

TAPIRJÄGER
Tapire leben im gleichen dichten Urwald wie der Jaguar und bildeten einst einen wichtigen Bestandteil seiner Nahrung. Doch heute sind auch diese Tiere sehr selten geworden.

Gefleckter Kopf, gesenkt

Rötliche Flecken. Waldjaguare sind dunkler als Steppenjaguare.

Der massige Körper des Jaguars erinnert an den eines Löwen.

TIAHUANACO-TEPPICH
Dieser Bildteppich aus Peru ist etwa 1000 Jahre alt. Ein Jaguar, dessen Gesicht betont hervorgehoben ist, wird von zwei stehenden Jaguaren im Profil flankiert.

Gebirgsjäger

ALTER LUCHS
Diese Luchsdarstellung entstand vor 500 Jahren in England.

Nordluchs, Rotluchs und Puma zählen zu den Kleinkatzen, wenngleich sie recht groß sind (der Puma ist die größte Kleinkatze). Ihr Körperbau aber gleicht dem der anderen Kleinkatzen, nicht dem der Großkatzen. Nordluchs und Rotluchs gehören der gleichen Gattung an und unterscheiden sich von allen anderen Katzen durch ihren kurzen Schwanz. Beide Luchsarten jagen etwa hasengroße Tiere. In Kanada zeigt sich eine große Abhängigkeit des Luchsbestands von dem der Schneehasen, die die Hauptnahrung dieser Katze darstellen. Der Rotluchs ist eine auf Nordamerika beschränkte Art, den Nordluchs findet man in Nordamerika, Europa und Asien, den Puma in ganz Amerika. Zwar kommen Luchse auch in europäischen Wäldern vor, doch sie bevorzugen felsige Gebirgslandschaften von bis zu 4500 m Höhe.

GEFANGEN
In Nordamerika ist die Jagd auf Rot- und Nordluchs noch erlaubt. In jedem Jahr werden etwa 70 000 Rotluchse für den Pelzhandel gefangen – oft in solchen Fangeisen. In Europa ist die Jagd auf die mittlerweile seltenen Luchse verboten.

Diese Darstellung des amerikanischen Naturmalers John James Audubon (1785–1851) zeigt einen Rotluchs bei der Körperpflege.

Kurzer Schwanz

Rotluchs

Im Gegensatz zum Nordluchs besitzen die Ohren des Rotluchses nur kurze Haarpinsel.

Der dicke Backenbart erinnert an eine Mähne.

DER ROTLUCHS
Der Fleckenpelz tarnt den Rotluchs in seinem steinigen und gebüschbestandenen Lebensraum. Rotluchse sind Einzelgänger und jagen kleine Tiere. Bei schönem Wetter nehmen sie gern ein Sonnenbad, wenn sie sich sicher fühlen. In der Paarungszeit miauen sie wie Hauskatzen, nur lauter und schriller. Das Weibchen bringt die Jungen in einem Nest aus Gras und Moos im Schutz von Felsen zur Welt.

Der Puma hat im Gegensatz zu den Luchsen einen langen, langhaarigen Schwanz mit schwarzer Spitze.

Die Hinterbeine sind länger als die Vorderbeine: Pumas sind ausgezeichnete Springer.

Die Fellfarbe des Pumas ist unterschiedlich, der Bauch aber ist immer hell.

DER NORDLUCHS

Der Luchs ist hervorragend an ein Leben in Bergwäldern und dichtem Gestrüpp angepasst, wo sein ungeflecktes bräunliches Fell zwischen Moos und Felsen nicht auffällt. Die Haarbüschel an den großen Ohren dienen zur genauen Ortung einer Geräuschquelle. Die großen Füße sind im Winter ganz mit langem Fell bedeckt und wirken dann wie Schneeschuhe, sodass der Luchs nicht im Schnee versinkt.

Nordluchs im Winterpelz

Nordluchs im Sommerpelz

PUMAGOTT

Um 600 v. Chr. wurde in der Mochíca-Kultur in Peru der Puma als Gott verehrt. Dieser goldene Puma diente wahrscheinlich einem religiösen Ritual. Er ist mit Reihen doppelköpfiger Schlangen verziert.

SZENENWECHSEL

Zwar lebt der Puma hauptsächlich im Gebirge, doch man findet ihn auch im Amazonasregenwald.

DER PUMA

Der Puma oder Silberlöwe ist an den unwirtlichen, stürmischen Küsten Südamerikas ebenso zu Hause wie in den Bergen von Colorado im Westen der USA. Der Kletterkünstler Puma lebt versteckt in felsigem Gelände. Daher bekommt man ihn nur selten zu Gesicht, obwohl er auch am Tag aktiv ist. In seinem großen Revier legt ein Silberlöwe bei seinen Jagdausflügen oft viele Kilometer zurück.

Puma

Wüstenwanderer

Eine ganze Reihe von Katzen lebt in weiten, offenen Graslandschaften, in Trockensteppen oder gar in Wüsten. Der Löwe ist der größte Vertreter der Savannenbewohner. Zwei andere große Steppen- und Wüstenbewohner sind der Wüstenluchs oder Karakal und der Serval, zwei in Afrika und Westasien weit verbreitete Kleinkatzenarten. Sie sind wesentlich größer als die anderen Steppen bewohnenden Katzen. Diese sind meist nächtliche Jäger und ernähren sich von kleinen Vögeln, Nágern, Eidechsen, Schlangen und Käfern. Ihre Beine sind länger als die der Wald bewohneden Arten. Dadurch sind sie über kurze Strecken sehr schnell, zum Beispiel auf der Flucht vor größeren Räubern wie Hyänen. Den Namen Wüstenluchs erhielt der Karakal aufgrund seiner Haarpinsel an den Ohren, allerdings besitzt er einen längeren Schwanz als ein Luchs. Der Serval wurde und wird in Ostafrika von der angestammten Bevölkerung als Nahrung und für den westlichen Pelzhandel wegen seines Fells bejagt.

DER KARAKAL
Der Karakal ist in Westasien, Indien und Afrika verbreitet. Die zwei bis drei Jungen kommen in einem Erdbau, in Felshöhlen oder im dichten Gebüsch zur Welt. Wüstenluchse sind sehr stille Tiere, nur in der Paarungszeit rufen sie mit einem lauten Bellen nach einem Geschlechtspartner. Der Name Karakal stammt aus dem Türkischen und bedeutet „Schwarzohr".

VOGELFÄNGER
In Indien und Persien richtete man Wüstenluchse zur Hasen- und Vogeljagd ab. Der Karakal ist ein ausgezeichneter Vogelfänger. Manchmal springt er hoch und fängt einen Vogel mit seiner Pranke aus der Luft. Er kann gut klettern und sogar auf Bäumen rastende Greifvögel erlegen.

BIS ZUM HALS
Der Karakal lebt in Dornbuschsavannen, in Steppen und Wüsten, bevorzugt aber im hohen Gras.

DIE SANDKATZE

Diesen Bewohner der Sahara und Westasiens bekommt man selten zu Gesicht. Die Hitze des Tages verschläft die Sandkatze in einem Versteck. In der Nacht geht sie auf die Jagd nach Eidechsen und Rennmäusen. Sie kann ohne Wasser auskommen, die Flüssigkeit, die sie mit ihren Beutetieren aufnimmt, scheint ihr zu genügen. Mit dicken, haarbedeckten Sohlenpolstern kann sie auch im Wüstensand schnell laufen und das Gelb ihres Fells verschmilzt mit der Farbe des Wüstensands.

DER SERVAL

Der Serval ist eine der bemerkenswertesten Savannenkatzen. Mit seinem kleinen Kopf, dem gefleckten Fell und den langen Beinen erinnert er an einen kleinen Geparden. Er jagt kleine Tiere und bevorzugt Wassernähe. Seine Heimat ist Nordwest-, Zentral- und Südafrika. Wie der Karakal kann auch der Serval gut klettern und Vögel fangen.

Kurzer geringelter Schwanz mit dunkler Spitze

Besonders lange Vorderbeine sorgen für Schnelligkeit.

Das kurze, dichte Fell hält die Katze nachts warm und tagsüber kühl.

Die Schwanzlänge beträgt ein Drittel der Körperlänge.

DIE SCHWARZFUSSKATZE

Diese kleinste wilde Katzenart lebt in Halbwüsten Südafrikas. Selbst neben einer Hauskatze erscheint sie wie ein Zwerg, ihr lautes Gebrüll aber erinnert an das des Tigers, ist nur eine Oktave höher. Ihren Namen erhielt die Schwarzfußkatze aufgrund ihrer schwarzen Sohlen.

Ozelot

Waldkatzen

Die meisten Kleinkatzenarten besiedeln die bewaldeten Gebiete aller Kontinente mit Ausnahme Australasiens. Wie alle Katzen mit Ausnahme des Löwen (S. 28–29) jagen auch die Wald bewohnenden Kleinkatzen allein und überwältigen meist kleinere Tiere wie Mäuse oder Eidechsen. Sie fressen, was sie erwischen, und nehmen bei einer Mahlzeit große Mengen zu sich, um dann einige Zeit nicht jagen zu müssen. Die meisten dieser Katzen sind anmutige Tiere mit schönen gefleckten oder gestreiften Fellen, drahtigen Körpern und großen Augen für die nächtliche Jagd (S. 16–17). Sie sind sehr scheu und durch ihre Fleckenzeichnung zudem noch ausgezeichnet getarnt, sodass man sie selten zu Gesicht bekommt. Die Katzen der Wälder sind stille Tiere, nur Rivalen werden von den Männchen durch Miauen vertrieben. Diese hübschen Katzen sind praktisch alle vom Aussterben bedroht, weil immer mehr Waldgebiete gerodet werden und weil sie, trotz gesetzlicher Schutzmaßnahmen, noch immer wegen ihrer herrlichen Felle gejagt werden.

LANGSCHWANZKATZEN
Die Langschwanzkatze ähnelt einem kleinen Ozelot, doch sie ist schlanker, hat längere Beine und einen längeren Schwanz. Im Geäst der Urwaldbäume Südamerikas jagt sie Vögel.

DIE BENGALKATZE
Die Bengalkatze ist die häufigste Katzenart Südasiens. Größe und Aussehen erinnern an eine Hauskatze. Bengalkatzen können hervorragend klettern und schwimmen. Entsprechend findet man sie auch auf vielen küstennahen Inseln. In China heißt sie „Geldkatze", weil ihre Flecken an kleine Münzen erinnern.

DER OZELOT
Der Ozelot bevorzugt Waldgebiete, doch man findet ihn auch in Buschsavannen von Arizona bis Argentinien. Ozelote leben oft paarweise zusammen, jagen bei Tage und sind gute Schwimmer. Die Ozelote der Wälder sind dunkler als die der offenen Landschaften. In Mexiko nennt man sie *tigrillo*, „kleiner Tiger". Der Ozelot ist die meistgejagte Kleinkatze Südamerikas.

Ozelot

DIE FLACHKOPFKATZE
Über diese seltene Waldkatze Südostasiens weiß man nur sehr wenig. Sie bevorzugt Wassernähe und fängt hauptsächlich Frösche, Fische und Krebse. Ihr stupsnasiger Schädel wirkt gar nicht katzenhaft und ihre kurzen Krallenscheiden können die Krallen nicht ganz verbergen.

Die Flecken am Schwanzgrund gehen in Ringe über.

DIE KLEINFLECKKATZE

Die Kleinfleck- oder Salzkatze wird in ihrer Heimat Argentinien und Bolivien auch „Bergkatze“ genannt, denn sie bevorzugt felsiges Gelände und kommt bis in große Höhen vor. Den dichten Dschungel meidet sie ebenso wie die offene Pampa. Tagsüber schläft sie auf Bäumen und sie ist auch ein guter Schwimmer.

KEIN PLATZ ZUM LEBEN

Wenn die Abholzung der Regenwälder im gegenwärtigen Ausmaß anhält, werden diese Lebensräume für immer verschwinden und mit ihnen die dort beheimateten herrlichen Wildkatzen.

Windhundkatze

Der Gepard ist das schnellste Landtier der Welt. Von den anderen Katzen unterscheidet er sich in mehrfacher Hinsicht. So ist er kein Schleichjäger, sondern sprintet mit unglaublicher Geschwindigkeit auf seine Opfer – Antilopen oder Gazellen – los, um sie zu überrumpeln, mit den Vorderpfoten niederzuschlagen und mit einem Biss in die Kehle zu töten. Auch im Körperbau weicht dieser „Hund mit Katzenkopf" von seinen Verwandten ab: keine Krallenscheiden, lange Schenkelknochen, urtümliches Gebiss. Deshalb stellt man ihn in eine eigene Unterfamilie. Auch der Gepard schleicht sich erst einmal an seine Beute heran, bevor er mit der kräfteraubenden Hetzjagd beginnt. Er frisst auch Hasen und Perlhühner, gelegentlich gelingt es ihm sogar, einen Strauß zu reißen. Gepardinnen leben allein und verteidigen ihr Revier gegen andere Geparden. Nur in der Ranz dulden sie Männchen in ihrer Nähe. Im Gegensatz zu ihnen schließen sich Gepardenmännchen oft zu kleinen Gruppen zusammen, die ihr Revier ebenfalls aggressiv verteidigen, Eindringlinge können sogar getötet werden. In einer solchen Gruppe paart sich nur der Stärkste mit einem Weibchen.

BESCHLEUNIGT
Lange Beine und eine elastische Wirbelsäule befähigen den Geparden zum Geschwindigkeitsrekord unter den Landtieren: 96 km/h. Filmaufnahmen zeigen, dass der Gepard in nur 3 Sekunden von 0 auf 100 km/h beschleunigen kann.

KEIN WETTRENNEN
Die Beschleunigung des Geparden ist vergleichbar mit der dieses Ferraris. Doch das Tier kann seine Höchstgeschwindigkeit nur etwa 300 m weit durchhalten.

SCHUHE MIT SPIKES
Wie der Hund benötigt auch der Gepard guten Halt beim schnellen Lauf. Daher hat er, anders als alle anderen Katzen, keine Krallenscheiden, in die er die Krallen zurückziehen kann. Die Krallen sind relativ stumpf, nur leicht gekrümmt und sehr dick.

WANDERFAMILIE
Die Gepardenmutter bringt ein bis acht Junge zur Welt. Die Kleinen sind im hohen Gras gut verborgen. Ein festes Zuhause haben sie nicht. Die Mutter trägt sie vielmehr alle paar Tage zu einem anderen Versteck.

FÜR DIE JAGD
Früher richtete man Geparden als „Jagdleoparden“ ab. Wenn man ihnen ihre Haube abnahm und sie losließ, jagten die Geparden hinter der Beute her und hielten sie fest, bis der Jäger sie tötete. Als Belohnung gab man ihnen die Innereien. Der indische Großmogul Akbar (1556–1605) soll 1000 Geparden gehalten haben.

DER GEPARD
Geparden werden immer seltener. In Nationalparks werden sie ständig von Touristen gestört und trotz gesetzlicher Verbote werden sie noch immer gewildert. Früher lebten Geparden in weiten Teilen Afrikas, Vorderasiens und Indiens, doch heute gibt es nur noch nennenswerte Bestände in Namibia und Simbabwe. Geparden jagen bei Tage und schleppen ihre Beute meist ins Gebüsch, damit sie nicht von Geiern oder anderen Raubtieren bei der Mahlzeit gestört werden.

BABYMÄHNE
Das Gepardenfell ist am Nacken und an den Schultern am dicksten. Bei den Erwachsenen fällt dies kaum auf, doch die Jungen haben eine richtige Mähne, wie dieser Stich aus dem 19. Jh. zeigt.

MUSTERMUTANTE
Der „Königsgepard“ aus Südsimbabwe wurde früher als eigene Art angesehen. Heute betrachtet man diese Variante als gelegentlich auftretende erbliche Zeichnungsänderung.

Katzenverwandtschaft

Der Kopf ist breiter, die Schnauze länger als bei einer Hauskatze.

Schottische Wildkatze

Der kurze Schwanz endet stumpf.

Die vielen verschiedenen Hauskatzenrassen gehen alle auf eine wilde Katzenart als Ahnherr zurück, die Wildkatze, *Felis silvestris.* Diese kleine Katze ist sehr anpassungsfähig und lernte, in der Umgebung des Menschen zu leben. Die Wildkatze kommt in den Wäldern Europas, den Felsregionen Westasiens und den Savannen Afrikas in verschiedenen Formen vor. Die nordeuropäische Unterart der Wildkatze (*Felis silvestris grampia*) ist mit ihrem gedrungenen Körperbau und dem dicken Fell an ein raues Klima angepasst. Die Falbkatze (*Felis silvestris lybica*) aus dem warmen Afrika ist feingliedriger und kurzhaariger. Die indische Steppenkatze (*Felis silvestris ornata*) lebt in trocken-heißen Gebieten und besitzt in der Regel ein geflecktes Fell. Auch innerhalb der Unterarten gibt es Farbvarianten und die Weibchen sind meist heller als die Männchen. Als Stammform unserer Hauskatzen gilt die ägyptische Falbkatze, doch durch Kreuzungen mit den jeweils ortsansässigen Wildkatzen bildeten sich in den Anfängen der Katzenhaltung regional verschiedene Rassen heraus.

WILDER SCHOTTE
Die Schottische Wildkatze lebt in geringer Zahl in den schottischen Wäldern, doch sie ist vom Aussterben bedroht, da sie sich mit verwilderten Hauskatzen kreuzt (S. 60–61). Diese Wildkatze erscheint wie eine große, plumpe Tigerkatze, ist aber aggressiver.

KLEINE WILDKATZEN
Wildkatzenwelpen gehen mit etwa 12 Wochen erstmals mit ihrer Mutter auf die Jagd, mit 5 Monaten sind sie selbstständig. Anders als junge Falbkatzen sind Schottische Wildkatzen schwer zu zähmen.

AFRIKANERIN
Die Falbkatze findet man in Wald und Wüste und sehr häufig auch in der Nähe menschlicher Behausungen. Sie ist recht zutraulich und kreuzt sich oft mit Hauskatzen. Ihr Paarungsverhalten und ihr Miauen gleicht dem der Hauskatzen aufs Haar.

NICHT WÄHLERISCH
Die indische Steppenkatze kann sich mit Falbkatze, Europäischer Wildkatze und Hauskatze kreuzen. So könnte auch sie eine Rolle im Stammbaum der Hauskatze gespielt haben. Steppenkatzen besitzen einen langen Schwanz mit schwarzer Spitze und schwarze Fußsohlen. Sie jagen kleine Tiere wie Mäuse und Eidechsen.

DER HERR IM HAUS
Die domestizierte Tabbykatze unterscheidet sich kaum von ihren wilden Ahnen. Man sagt ihr nach, dass sie den Menschen gezähmt hat und nicht umgekehrt (S. 26–27).

Schleichkatzen

Ginsterkatzen und Zibetkatzen sind keine echten Katzen, wenngleich sie manchmal mit ihnen verwechselt werden. Sie gehören zur Raubtiergruppe der Schleichkatzen, zu denen auch die Mangusten (Mungos) zählen. Der Kopf erinnert äußerlich zwar an den einer Katze, unterscheidet sich von diesem aber im Schädelbau.

GINSTERKATZE
Der Schwanz ist viel länger als der einer Katze, die Kopfform aber ist katzenähnlich.

ZIBETKATZE
Ginster- und Zibetkatzen sind Waldbewohner und nächtliche Jäger mit einem gefleckten oder gestreiften Fell.

Die ausgefransten Ohren sind möglicherweise auf viele Kämpfe zurückzuführen.

Steppenkatze

Die Zähmung der Katze

Wahrscheinlich zog es die ersten Katzen deshalb in die Nähe menschlicher Siedlungen, weil sie dort leicht die vielen Ratten und Mäuse jagen konnten, die sich von den Getreidevorräten der Menschen ernährten. Die Menschen erkannten bald den Nutzen der Mäusefänger und sorgten dafür, dass die Katzen immer wiederkamen. Man begann Katzenkinder zu zähmen und bald gehörte die Katze zur Familie. Schon vor 9000 Jahren sollen vereinzelt Katzen, wahrscheinlich Wildfänge, in Jericho gehalten worden sein. In der Blüte der ägyptischen Hochkultur, vor 3000 Jahren, war die Katze schon domestiziert (= ein Haustier) und man findet sie auf vielen ägyptischen Grabmalereien. Schließlich wurde die Katze zu einem der heiligsten Tiere Ägyptens. Der Katzenkult war wohl ein Grund dafür, dass man in Ägypten mit der Domestikation der Katze begann und die Falbkatze wahrscheinlich die Ahnherrin aller Hauskatzen ist (S. 44–45). Es kann jedoch auch sein, dass die Wildkatze in unterschiedlichen Gebieten der Erde etwa zur gleichen Zeit zum Haustier wurde. Heute begleitet die Hauskatze den Menschen auf der ganzen Welt.

KATZENMUMIE
Wenn eine der heiligen Katzen im alten Ägypten starb, balsamierte man den Körper ein und umwickelte ihn mit Tüchern. Die Katzen wurden in einem besonderen Grab beigesetzt. Als man im letzten Jahrhundert die ägyptischen Gräber ausgrub, fand man Millionen von derart konservierten Katzenmumien.

PERSER
Die wolligen, langhaarigen Katzen aus Persien (heute Iran) gehören zu den ältesten Hauskatzenrassen, wenngleich dieses innen hohle tönerne Katzenmodell aus dem 13. Jh. durch seine Bemalung eher an eine Fleckenkatze als an eine Langhaarkatze (S. 56–57) erinnert. Die meisten langhaarigen Züchtungen stammen von Katzen ab, die im 18. und 19. Jh. aus der Türkei und dem Iran in andere Länder kamen.

VOGELFÄNGER AM VESUV
79 n. Chr. brach der Vesuv aus und begrub die Städte Pompeji und Herkulaneum unter Lava und Asche. Dabei wurden Gebäude und Gegenstände des täglichen Lebens konserviert. In Pompeji fand man dieses hervorragend erhaltene Mosaik einer Katze, die einen Vogel gefangen hat.

Ägyptische Mau

EBENBILD DER URAHNEN
mau ist das altägyptische Wort für „Katze“. Die Ägyptische Mau mit ihrem anmutigen, geschmeidigen Körper, den grünen Augen und der hellen Fellgrundfarbe entstand als bewusster Versuch, die Katzen auf den Wandmalereien der ägyptischen Gräber wiederzubeleben. Nur die Abessinische Katze (S. 52–53) gleicht diesen alten Katzen ebenso.

WIE HUND UND KATZ

Die jungen Griechen auf diesem Relief (480 v. Chr.) scheinen ihre Tiere zum Kampf anzustacheln. Sowohl der Hund als auch die Katze werden an der Leine geführt. Die Haltung des Hundes – eingeknickte Vorderbeine und erhobene Schnauze – zeigt, dass er nicht kämpfen will. Er will die Katze nur ärgern, deren Katzenbuckel Angriffsbereitschaft bedeutet.

JAGDKATZE

Eine Wandmalerei im Grab des ägyptischen Bildhauers Nebamun (um 1400 v. Chr.) zeigt den Toten bei der Vogeljagd am Nil. Dieser Ausschnitt zeigt Nebamuns Katze mit je einem Vogel im Maul und zwischen den Beinen. Sie apportiert die erlegten Vögel.

KATZENGÖTTIN

Die Katzenverehrung im alten Ägypten gipfelte im Kult der Katzengöttin Bast, die als Frau mit Katzenkopf dargestellt wird. Sie trug meist ein Sistrum (ein Musikinstrument) und eine Ägis (einen Schild) mit dem Kopf einer Löwin. Die fröhliche und gütige Göttin mochte es, wenn die Menschen tanzten und sich amüsierten.

Die heiligen Katzen zierten im alten Ägypten oft Schmuckstücke. Diese Karneolkatze ist in einen Goldring gefasst.

SCHLANGENSCHLÄCHTER

Diese Illustration aus dem ägyptischen *Totenbuch* zeigt den Sonnengott Ra als Katze. Er tötet Apep, die Schlange der Finsternis.

GENOSSE KATZE
In russischen Märchen spielen Katzen eine bedeutende Rolle.

Mythen und Märchen

Seit die Katzen vor 3000 Jahren in Ägypten als heilig galten, haben sie in aller Welt immer wieder Eingang in Märchen und Sagen gefunden. Eine solche Berühmtheit als Märchenfiguren haben die Hunde nie erreicht. Ein Grund dafür ist wohl, dass Katzen so geheimnisvolle Wesen sind. Bei Tag sind sie sanft, schläfrig und zutraulich, nachts aber werden sie zu lautlosen Jägern. In vielen Ländern Europas wurden im Mittelalter Katzen in großer Zahl grausam getötet, weil man glaubte, sie seien mit dem Teufel im Bunde. Im Fernen Osten erging es ihnen besser. So schrieb man ihnen zum Beispiel in Myanmar (Birma) gute Zauberkräfte zu. Auch auf See hatten sie einen guten Ruf, nicht nur weil sie die Ratten an Bord kurzhielten, sondern auch weil viele Seeleute glaubten, Katzen könnten Stürme vorhersagen.

SEELENWANDERUNG
In der westlichen Tradition hält man Katzen für seelenlose Wesen. Im Fernen Osten aber glaubt man, sie könnten sich nach dem Tod zu Überwesen verwandeln. Im Buddhismus hält man sie für den Aufenthaltsort der Seelen besonders religiöser Menschen.

BIRMAKATZE
Die Birmakatze gilt in Myanmar als heilig. Der Sage nach wurde ein birmesischer Tempel angegriffen und der Oberpriester getötet. Seine weiße Lieblingskatze sprang auf seinen Kopf und wurde zu einer Birmakatze. Die Pfoten, die den Priester berührten, blieben weiß – ein Zeichen der Güte. Dieses Wunder ermutigte die übrigen Priester, den Angriff zurückzuschlagen.

KATZENWAGEN
In der frühen Renaissance wuchs in Europa das Interesse der Menschen an der nordischen Liebesgöttin Freya, deren Streitwagen von Katzen gezogen wurde. Um den heidnischen Glauben aus den Gedanken der Menschen zu vertreiben, veranlasste die Kirche die Tötung vieler Katzen.

HEXENHELFER
Zwischen 1400 und 1700 glaubte man in Europa weithin, dass der Teufel oder Teufelsdiener in Katzengestalt Hexen aufsuchen und dass sich Hexen in Katzen verwandeln würden. Daher verfolgte und verbrannte man die Katzen wie die Hexen. Im französischen Metz verbrannte man über 400 Jahre lang Katzen, um den Veitstanz auszutreiben.

BOND-KATZE
Ernst Blofeld, der Erzfeind des Geheimagenten 007, trat James Bond immer mit einer weißen Perserkatze entgegen.

Europäisch Kurzhaar, schwarz

SCHWARZE MAGIE
Der Aberglaube, dass schwarze Katzen Glück oder Unglück bringen, ist und war je nach Zeit und Ort ganz unterschiedlich. So glaubt man hierzulande, dass eine schwarze Katze, die den Weg kreuzt, Unglück bringt, in Großbritannien glaubt man genau das Gegenteil.

DER GESTIEFELTE KATER
In Südfrankreich glaubten die Menschen an Zauberkatzen, die *matagots*. Am berühmtesten und auch vielen anderen Völkern bekannt ist der Gestiefelte Kater, der seinem Herrn ein Vermögen und eine Prinzessin als Frau einbrachte.

Das Emblem des *British National Cat Club* wurde 1887 von Louis Wain entworfen.

Edelkatzen

Seit Mitte des 19. Jahrhunderts züchtet man bestimmte Katzentypen nach einem Rassestandard. Es entstanden Vereine, die die Standardmerkmale für „Edelkatzen" festlegen und die einzelnen Typen vergleichen. Heute gibt es Rassen, die kaum noch an ihre wilden Vorfahren erinnern, und es fällt schwer, in den preisgekrönten Edelkatzen ein wildes Tier mit einem Jagdinstinkt zu entdecken. Doch die typischen Verhaltensmuster lassen sich nicht wegzüchten, wenngleich es manchmal den Anschein hat. Edelkatzen, die in großer Zahl in Katzenfarmen für den Verkauf gezüchtet werden, zeigen oft Verhaltensstörungen. Wenn eine Katze ein zutraulicher Freund werden soll, muss man mit ihr von klein auf Kontakt suchen und sich mit ihr unterhalten. Wächst sie zunächst ohne diesen Kontakt zum Menschen auf und wird dann mit sechs Wochen von ihrer Mutter weggenommen und in eine Menschenfamilie gegeben, erscheint sie neurotisch. Oft führt man ihr seltsames Verhalten darauf zurück, dass sie hochgezüchtet ist oder eben ein adliges Temperament hat. Doch in Wahrheit ist es nur falsche Erziehung und eine zu frühe Trennung von der Mutter.

PREMIERE
Harrison Weir organisierte 1871 in London die erste Katzenausstellung der Welt (hier mit der Siegerin, einer jungen Perserkatze).

VORHANG AUF
Die Katzenausstellungen waren sicherlich ein Ansporn für die Züchtung der vielen verschiedenen Katzenrassen, doch es gibt auch Stimmen gegen solche Zuchtexperimente. Diese siegreiche Birmakatze aber scheint mit ihren vielen Trophäen nicht unglücklich zu sein.

GUT FRISIERT IST HALB GEWONNEN
Bei Langhaarkatzen ist das regelmäßige Kämmen und Bürsten wichtig, damit die Haare nicht verfilzen und alte Haare entfernt werden. Bei einer Ausstellung ist eine gepflegte Haartracht natürlich besonders wichtig.

RED SELF
Diese Langhaarkatzen sind sehr selten. Das rote Fell darf keine Schattierungen oder Tabbyzeichnungen aufweisen. Im Unterschied zu anderen Persern hat diese Abart ein Pekinesengesicht.

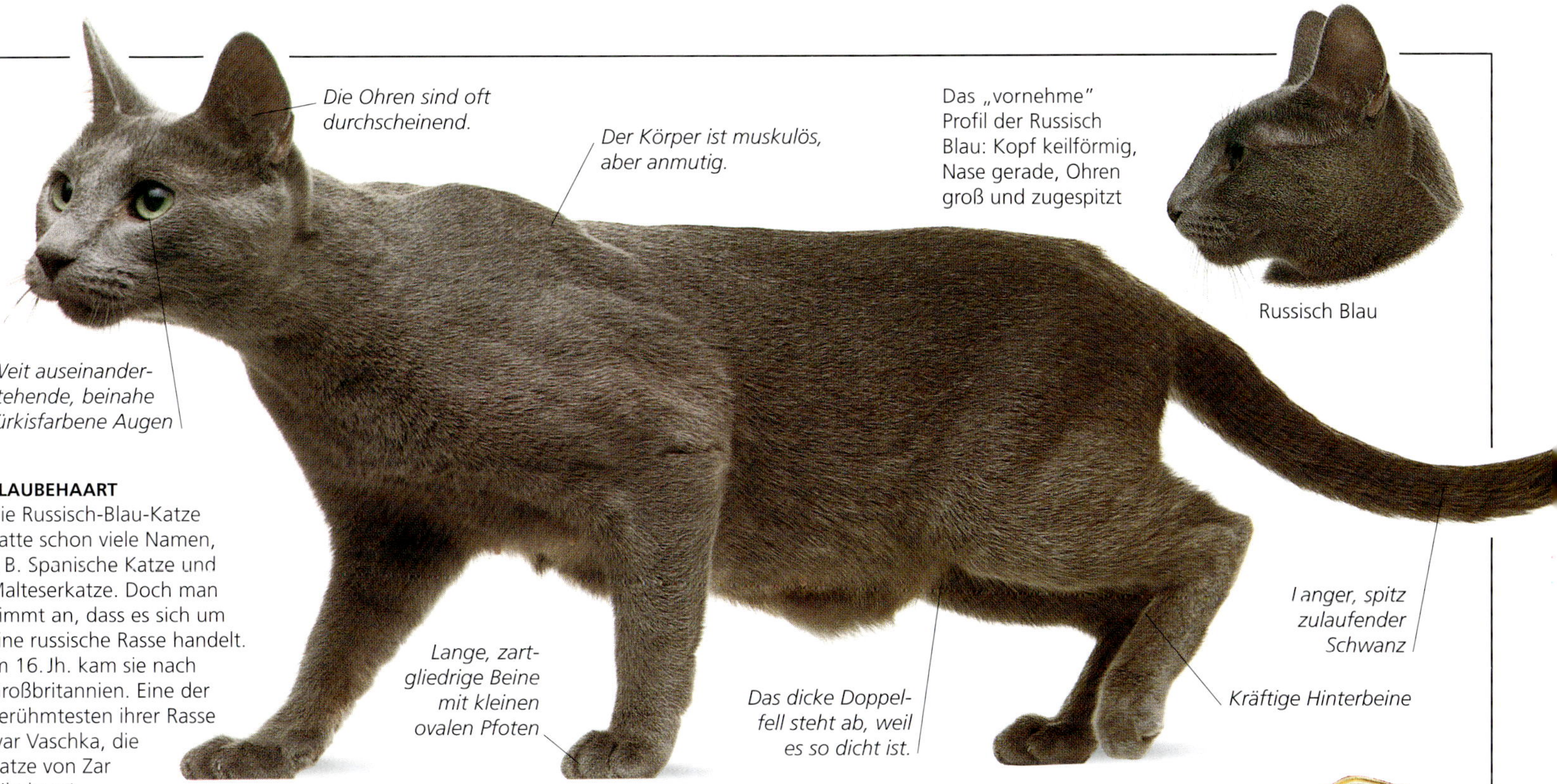

Das „vornehme" Profil der Russisch Blau: Kopf keilförmig, Nase gerade, Ohren groß und zugespitzt

Russisch Blau

BLAUBEHAART
Die Russisch-Blau-Katze hatte schon viele Namen, z. B. Spanische Katze und Malteserkatze. Doch man nimmt an, dass es sich um eine russische Rasse handelt. Im 16. Jh. kam sie nach Großbritannien. Eine der berühmtesten ihrer Rasse war Vaschka, die Katze von Zar Nikolaus I.

Red Self

DER 14. GAST
1898 dinierten 13 Personen im berühmten Savoyhotel zu London. Ein Gast wurde bald darauf getötet. Dadurch erfüllte sich der Aberglaube, dass 13 eine Unglückszahl sei. In den 1920er-Jahren beauftragte man den Bildhauer Basil Ionides, eine etwa 1 m große hölzerne Katze zu schnitzen. Heute sitzt Kater Kaspar im Savoy an jedem Tisch mit 13 Personen und man serviert ihm das ganze Menü.

Die Red Self hat ein ganz anderes Profil als die Russisch Blau. Die flache Nase verursacht bei manchen Tieren Atembeschwerden.

Kurzhaarkatzen

Amerikanische Porträts wie dieses von Ammi Phillips (1788–1865) zeigen oft auch das Haustier.

Die wilden Mitglieder der Katzenfamilie haben ein kurzes Fell. Katzen, die auf sich selbst gestellt sind, brauchen einen pflegeleichten Pelz, der sich nicht in Zweigen verheddert, auf der Flucht vor Feinden hinderlich ist oder in dem sich Krankheitserreger einnisten können. Auch bei den Hauskatzen sind die Erbanlagen für kurzes Fell dominant. Bei den kurzhaarigen Edelkatzen unterscheidet man heute im Wesentlichen drei Gruppen: Europäisch Kurzhaar, Amerikanisch Kurzhaar und Exotisch Kurzhaar. Die Europäischen Kurzhaarkatzen sind stämmig und muskulös und haben kurze Beine. Wenngleich die amerikanischen von europäischen Hauskatzen abstammen, die mit den ersten Siedlern nach Amerika kamen, sind dort andere Zuchtrichtungen eingeschlagen worden. Die Amerikanisch Kurzhaar sind etwas größer und haben längere Beine. Auch nach Australien kamen europäische Katzen mit den ersten Siedlern. Die heute beliebtesten Kurzhaarkatzen zählen zu den Exoten. Sie sind schlanker als die Europäer, besitzen einen kleineren Kopf und längere Beine. Am bekanntesten sind die Siamesen und die Abessinier. Doch Nicht-Edelkatzen ohne adligen Stammbaum sind oft genauso hübsch.

KATZEN UND KITSCH
Zu Beginn des 20. Jh. zierten niedliche Kätzchen oft Geburtstagskarten. Garnrollen gehören auch heute noch zum Lieblingsspielzeug junger Hauskatzen.

ABESSINIER
Der Ursprung der Abessinischen Katze ist unbekannt, doch sie hat große Ähnlichkeit mit den Katzen der ägyptischen Pharaonen. Die anmutigen Abessinier züchtet man heute in vielen Farben, so z. B. in wildfarben (braunrot), creme, rot, blau, lila (grau mit Rosaschimmer) und silber.

SCHILDPATT-WEISS
Das Fell dieser hübschen Europäischen Kurzhaarkatzen ist schildpatt (schwarz, rot und creme) mit größeren weißen Flecken. Diese beliebte Farbe ist schwer zu züchten. Um sie zu erhalten, muss man ein schildpattfarbenes Weibchen (schildpattfarbene Kater gibt es nur wenige und diese sind unfruchtbar) mit einem einfarbig schwarzen, roten oder cremefarbenen Kater kreuzen.

AUSBLICK
Von ihrem Platz am Fenster kann diese Tigerkatze alle Vorgänge im Zimmer und draußen beobachten. Nicht reinrassige Katzen sind oft weniger nervös als Edelkatzen und in der Regel gute Haustiere.

KORAT
Die Korat stammt aus Thailand und gilt den Bewohnern der Korat-Hochebene schon lange als Glücksbringer. In den 1950er-Jahren kam diese Rasse erstmals in die USA und erst 20 Jahre später nach Europa. Sie ist sanftmütig und etwas nervös, hat ein herzförmiges Gesicht und einen rauchblauen Pelz.

BURMESIN
Wie bei den Abessiniern gibt es auch bei den Birmakatzen eine große Farbenvielfalt. Den heutigen Burmesen ähnliche braune Katzen sollen schon im 15. Jh. in den Tempeln von Myanmar gelebt haben. Burmesen sind anschmiegsam und intelligent, sie hassen das Alleinsein und liegen gern auf Betten.

Fortsetzung auf Seite 54

Fortsetzung von Seite 53

MR. UND MRS. CLARK UND PERCY
Seit Leonardo da Vinci haben Katzen immer wieder Eingang auch in die abendländische Kunst gefunden. Auf diesem Gemälde von David Hockney sieht man Freunde des Malers, Ossie Clark und seine Ex-Frau Celia Birtwell, mit ihrer Katze Percy, die praktisch im Mittelpunkt des Bildes steht.

HOFFNUNG BEFLÜGELT
Diese Katze riecht, dass ein Vogel im Käfig war.

HAUPTPERSON: EIN KATER
In *Old Possums Katzenbuch* beschreibt T.S. Eliot charaktervolle Katzen. Die Hauptperson, der schwarze Kater Mr. Mistofelis, ist eine rechte Zauberkatze.

Creme-weiße Katze

Buschiger Schwanz mit Ringelzeichnung

ZOE DE BELLINGCOURT
Dieses Mädchenporträt stammt von dem schottischen Maler George Watson (1767–1837). Damals hielt man Katzen für die zu einer jungen Dame passenden Haustiere.

NEUE FARBEN
Bei der Russisch-Blau-Katze versuchte man, ganz weiße oder ganz schwarze Tiere zu züchten. In Neuseeland ist diese Katzenrasse besonders beliebt.

KATZENKOPF
Dieses außergewöhnliche Beispiel naiver Malerei aus Amerika zeigt einen übergroßen Katzenkopf mit einem Vogel im Maul. Vielleicht entstand das Bild als Familienemblem. Bei den ersten Siedlern fehlten Katzen jedenfalls in kaum einem Haus.

SIAMESE
Seit Jahrhunderten leben in Thailand (früher Siam) Katzen, die den Siamkatzen ähneln. Die ersten kamen 1880 nach Großbritannien, als Geschenk des Siamesischen Hofs an den britischen Konsul. Siamkatzen sind sehr intelligent, laut und oft sehr eifersüchtig.

KLEINER TIGER
Ohne Zuchtwahl treten Tabbyzeichnungen („gestromt“ oder getigert) häufiger auf als alle anderen Fellmuster. Diese Streifenzeichnung kommt der der Wildkatzen nahe und vererbt sich am durchschlagendsten. Nicht-Rassekatzen sind meist sehr verträglich, wie man an diesen beiden Tieren sieht.

Vereinszeichen nach einem Entwurf des französischen Malers, Schriftstellers und Katzenfreunds Jean Cocteau (1889–1963)

Langhaarkatzen

Alle wilden Katzen haben ein Doppelfell (S. 14–15), das, wie bei allen Säugetieren, in kälteren Regionen länger und dichter ist als in warmen Ländern. Doch unter den Wildkatzen erreicht nur der Manul annähernd die Haarlänge und Felldicke einer langhaarigen Hauskatze. Denn für eine Katze in freier Natur ist ein langes Fell nur hinderlich (S. 52–53). Da Langhaarkatzen aber für den Menschen sehr attraktive Tiere sind, werden sie gern gehalten. Die wohl häufigste Langhaar-Katzenrasse sind die Perser. Man nimmt an, dass diese Rasse in den letzten Jahrhunderten mehrfach aus Westasien nach Europa kam. Heute wird Perser oft gleichgesetzt mit Langhaarkatze. Eine sehr alte Rasse ist die Angorakatze, die aber gegen Ende des 19. Jahrhunderts von den Perserkatzen aus dem Züchterinteresse verdrängt wurde. Langhaarkatzen sind in der Regel sanfte Naturen und angenehme Hausgenossen, doch sie brauchen mehr Pflege als kurzhaarige Rassen.

BIRMAKATZE
Die Birmakatze besitzt einen relativ langen Körper, ihre Zeichnung erinnert an eine Siamkatze. Nach der Legende stammt sie von einer weißen Tempelkatze ab (S. 48–49), ihre wahre Abstammung kennt man nicht. Stammmutter der westlichen Birmakatzen ist eine trächtige Birmakatze, die 1919 als Geschenk nach Frankreich kam.

Große, runde, weiße Pfoten

ANGORA
Der Name dieser Katze weist auf die türkische Stadt Angora (heute Ankara) hin, die auch der Angoraziege und dem Angorakaninchen ihren Namen gab.

Halskrause

Kurze Schnauze, lange Nase mit rosa Nasenspitze

Langer, fedriger Schwanz

TÜRKISCHE KATZEN
Die Türkische Katze oder Van-Katze ist überhaupt nicht wasserscheu. Sie badet ausgesprochen gern. Der Name Van-Katze weist auf ihre Herkunft hin: Im Gebiet um den Vansee im Südosten der Türkei züchtet man diese Rasse schon seit einigen Jahrhunderten.

MANUL
Diese Wildkatze wurde vor etwa 200 Jahren von dem deutschen Naturforscher Peter Simon Pallas im Gebiet um das Kaspische Meer entdeckt. Ihr für eine wilde Katze ausgesprochen dichtes, langes Fell wärmt sie im rauen Klima ihrer Heimat. Früher hielt man den Manul für den Vorfahren der Perserkatzen, doch heute gilt diese Theorie als unwahrscheinlich.

PEKINESENPERSER
Perser mit Pekinesengesicht sind in Nordamerika seit über 50 Jahren bekannt, in Europa jedoch selten. Besonders die Fellfarbe Rot ist schwer zu erhalten. Durch das eingedrückte Gesicht neigen diese anhänglichen Tiere leicht zu Atembeschwerden.

MAINE COON
Die Maine-Coon-Katze ist die älteste amerikanische und eine sehr schwere Rasse. Ihren Namen verdankt sie dem Staat Maine an der Ostküste der USA und dem Aberglauben, sie sei eine Kreuzung aus Katze und Waschbär (engl. *coon*). Doch sie stammt von Hauskatzen der amerikanischen Siedler und Angorakatzen ab, die Seeleute aus Europa mitbrachten.

Farbiger Holzschnitt der amerikanischen Künstlerin Elizabeth Norton (1887–1985)

GRINSEMIEZEKÄTZCHEN
Auf diesem Bleiglasfenster sieht man Gestalten aus *Alice im Wunderland* von Lewis Caroll (1832–1898), den Herzkönig, die Herzkönigin und den Grinsekater.

Kuriositätenkabinett

Erst seit dem 20. Jahrhundert züchtet man Katzen auf besondere Eigenschaften hin, z. B. bestimmte Fellfarben, große Ohren, kurze oder fehlende Schwänze oder ein flauschiges Fell. In dieser relativ kurzen Zeit ist eine Vielzahl von Rassen entstanden. Veränderungen im Erbgut können auch bei wilden Katzen auftreten, doch diese würden wahrscheinlich sterben, ehe sie die abnormen Eigenschaften weitervererben könnten. Bei Hauskatzen aber kann man durch Inzucht und Zuchtwahl alle möglichen Abwandlungen erreichen. Wenn man den Nachkommen dann besondere Pflege angedeihen lässt, können diese die gewünschten Eigenschaften weitergeben. Manchmal sind Kuriositäten der Natur wie der weiße Tiger oder Züchtungen wie die Burmillakatzen, eine Kreuzung zwischen Burmesen und Chinchilla (chinchillafarbenen Perserkatzen), vollkommen gesund. Doch sehr oft führt Inzucht zu schwerwiegenden gesundheitlichen Problemen. So stellt sich die Frage, ob man ständig neue Rassen züchten sollte.

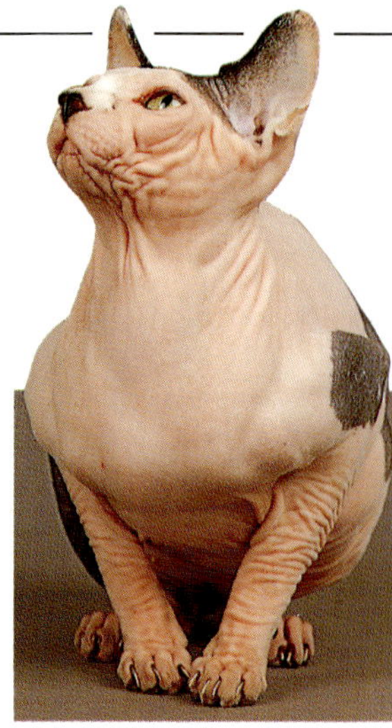

DIE SPHINX
Diese Nacktkatze mit ihrem wildlederartigen „Fell" entspricht sicherlich nicht jedermanns Schönheitsideal. Der Stammvater dieser Rasse wurde 1966 als einziges nacktes Junges einer ganz normalen schwarz-weißen Hauskatze geboren.

DEVON REX
Auch die Rexkatzen gehen auf zufällige Mutationen zurück. So stammen die Cornish und Devon Rex von zufällig mit lockigem Fell ohne Grannenhaare geborenen Katzen aus Cornwall bzw. Devon ab. Die German Rex aus Berlin hat noch einige gelockte Grannenhaare.

Das lockige Fell ist kurz und weich. Es liegt dicht am Körper und besitzt keine Deckhaare.

Devon Rex

Der Kopf ist keilförmig, die Nase relativ lang und etwa von der gleichen Farbe wie das Fell. Die Ohren sind groß mit rundlichen Enden, die Augen mandelförmig.

Selbst der Schnurrbart ist gelockt.

EULERICH UND MIEZEKATZ
Freundschaft zwischen Katze und Vogel ist unwahrscheinlich. In Edward Lears (1812–1888) heiterem Gedicht jedoch heiraten ein Eulenmann und eine Katze – und wenn sie nicht gestorben sind, dann leben sie noch heute.

LIGER UND TIGONEN

In Gefangenschaft kommt es gelegentlich zur Paarung zwischen Tigern und Löwen. Ist der Vater ein Tiger, nennt man das Junge Tigon, bei einem Löwenvater Liger. Diese Bastarde sind gesund, aber unfruchtbar. In München gelang jedoch die Kreuzung eines Ligerweibchens mit einem Löwen und die Aufzucht des Jungen.

Langer, biegsamer Schwanz

MANXKATZE

Ein schwanzloses Kätzchen kann in praktisch jedem Wurf auftreten. Aus solchen Mutanten entstand schon vor über 200 Jahren die Manx- oder Mankatze. Ihren Namen erhielt sie von der Isle of Man, einer Insel vor der Nordwestküste Englands. Sie stammt zwar nicht ursprünglich von dieser Insel, ist aber dort, vielleicht durch inselbedingte Inzucht, sehr häufig.

Schwarz-creme-orange-weiße Fellfleckung

Manxkatzen sind nicht immer ganz schwanzlos (Rumpy). Es gibt auch Riser mit wenigen fühlbaren Wirbeln, Stubby (Stummelschwanz) und Longy (kurzer Schwanz).

Kräftige Hinterbeine

IN SCHWARZ-WEISS

Der weiße Tiger war einst im Norden und Osten Mittelindiens nicht selten, heute gibt es nur noch wenige Exemplare. Wie bei anderen „Albinos" werden bei dieser Mutation keine oder weniger dunkle Hautfarbstoffe gebildet.

SCHLAPPOHR

Hängeohren sind bei Hunden recht häufig, bei Katzen selten. Doch wie das Fehlen eines Schwanzes kann auch ein hängendes Ohr zufällig auftreten. Von einem weißen Kätzchen, das 1961 mit Hängeohren geboren wurde, leitet sich eine neue Rasse ab, die Schottische Hängeohrkatze (*Scottish Fold*).

Illustration aus *Das Leben der vierbeinigen Tiere* von Edward Topsell, 1607

Straßenkater

In jeder Stadt gibt es ein verborgenes Tierleben mit Jägern und Beutetieren. Katzen jagen Tauben, Ratten, Mäuse und Schaben in Hinterhöfen und in der Kanalisation und suchen Essensreste in den Müllcontainern der Restaurants. Auch diese Stadtkatzen haben ihre Reviere. Sie kriechen in Keller, Schuppen oder Lagerhäuser oder klettern auf Dächer. Straßenkater markieren und verteidigen ihr Revier genauso wie wilde Katzen. Auch die Weibchen haben Reviere und suchen sich ein sicheres Plätzchen zum Kinderkriegen. Darüber, ob solche herrenlosen und verwilderten Katzen nützlich sind oder ob sie ein Problem darstellen, gehen die Meinungen auseinander. Sie beseitigen Abfall und halten Ratten und Mäuse kurz. Doch sie können auch Krankheiten übertragen, wenn sie überhandnehmen, denn die Natur regelt die Überbevölkerung der Katzen auf ihre Weise: Krankheiten, Seuchen, Aggressivität, Kampf ums Überleben im wörtlichen Sinne oder Verhungern. In manchen Städten fängt man daher die Katzen, sterilisiert sie und lässt sie dann wieder frei. Sie können weiter ihr Straßenleben führen, sich aber nicht mehr fortpflanzen.

KATZEN AUF DEM HEISSEN BLECHDACH
Streunende Katzen klettern oft auf Dächer. Die hoch gelegenen Reviere sind vor dem Zugriff des Menschen sicher. Solche Dachkatzen zeigt diese Karikatur des Franzosen Grandville (1803–1847) mit dem Titel *Das Herzeleid einer englischen Katze.*

Tigerstreifen sind ein Grundmuster des Katzenfells.

TIGERKATZEN-TEMPERAMENT
Seltsamerweise hängt das Temperament einer Katze mit der Fellzeichnung zusammen. Stadtkatzen müssen ruhig und gelassen sein. Tigerkatzen und schwarzweiße Katzen haben das richtige Naturell fürs Stadtleben.

Das leicht verfilzte Fell zeigt, dass die Katze nicht gepflegt wird.

STRASSEN-KÄMPFER
In den USA gibt es um die 58 Mio. Katzen, in Deutschland etwa 6 Mio. Es fällt schwer, normale Hauskatzen von verwilderten Tieren zu unterscheiden. In der Regel sind solche Straßenkatzen nervöser und scheuer als Haustiere. Sie laufen eher davon und sind oft zerzaust, haben zerschlissene Ohren, Wunden und Narben von häufigen Auseinandersetzungen.

Das Ohr ist zerfetzt und vernarbt: Zeichen geschlagener Schlachten.

Das Auge ist beschädigt: Ergebnis eines Kampfs oder einer falschen Ernährung.

HINZ ODER KUNZ?
Wenn eine Katze in die Hitze kommt (S. 24–25), kann sie sich in kurzen Abständen hintereinander mit mehreren Katern paaren. Das hat zur Folge, dass ihre Kinder verschiedene Väter haben können. So brachte eine Siamkatze einen Wurf mit den verschiedensten Nicht-Rassekatzen und einem reinrassigen Siamesen zur Welt.

Verwildert

Eine ganze Reihe von Säugetierarten wurde vom Menschen domestiziert, d. h. in den Hausstand übernommen. Für viele von ihnen bedeutet das das Aus. Wenn Haustiere verwildern, paaren sie sich mit der Stammform, sodass das reinrassige Wildtier ausstirbt. Auerochsen und Wildpferde gibt es nicht mehr, Wildkatzen stehen auf der Roten Liste.

ENTFLOHEN
Verwilderte Katzen sind der Obhut des Menschen entflohen und leben wie ihre wilden Vorfahren. Auch auf Inseln findet man oft von Seeleuten eingeschleppte verwilderte Katzen, die dort großen Schaden anrichten können.

KATASTROPHE
Diese Menschen demonstrieren gegen die geplante Vernichtung der Straßenkatzenpopulation in Paris. Sie glauben, dass dies einer Katastrophe gleichkäme und das ökologische Gleichgewicht nicht nur in Paris, sondern in ganz Frankreich zerstören würde.

Katzenpflege

Auf Postkarten aus dem 19. Jahrhundert sind oft junge Katzen und Hunde abgebildet.

Katzen haben ihre eigene Persönlichkeit und ihre eigenen Bedürfnisse. Man sollte eine Katze möglichst ins Freie lassen, damit sie ihr Revier erkunden und abstecken und etwas Gras fressen kann. Gras ist für ihre Verdauung wichtig. Katzenklappen in der Tür schaffen der Katze größtmögliche Freiheit bei geringstmöglicher Belastung für den Katzenhalter. Allerdings können dann auch fremde Katzen ins Haus kommen. Die meisten Menschen bevorzugen kastrierte Hauskatzen, wenn sie nicht gerade Katzen züchten wollen. Der Tierarzt berät über das richtige Alter für eine Kastration oder Sterilisation. Auch sollte man seine Katze gegen Katzenstaupe und Tollwut impfen lassen. Beide Krankheiten können tödlich verlaufen. Junge Katzen sind oft unwiderstehlich, doch bevor man sich eine Katze anschafft, sollte man bedenken, dass sie über 20 Jahre alt werden kann und in dieser Zeit ständiger Pflege und Zuwendung bedarf.

KATZENBÜRSTE
Alle Katzen, besonders Langhaarkatzen, sollte man regelmäßig bürsten, sonst verschlucken sie beim Lecken zu viele Haare. Diese können sich im Magen als Haarball sammeln und die Katze krank machen.

Wasserschüssel

FUSSABSTREIFER
Katzen müssen ihre Krallen reinigen (S. 26–27). Ein Stück Holz, eine Fußmatte oder ein Kratzpfosten sind dazu geeignet.

Futternapf

KATZENFUTTER
Katzen brauchen täglich Fleisch oder Fisch. Auch harte Kekse sind gesund: Sie dienen zum Reinigen und Kräftigen der Zähne und Kiefer. Frisches Wasser sollte man der Katze immer zugänglich machen, besonders wenn man ihr Trockenfutter gibt. Milch hingegen kann zu Magenbeschwerden führen.

Schaumkelle

Sand oder Katzenstreu

Katzenklo

KATZENKUSCHELECKE
Als territoriales Tier braucht die Katze ihren eigenen Schlafplatz. Leider besetzt sie oft den besten Sessel oder das Bett. Das liegt wohl eher daran, dass diese vertrauenerweckend riechen, als daran, dass sie so kuschlig sind.

ZUM EINGRABEN
Man kann alle Katzen dazu erziehen, ein Katzenklo zu benutzen. Man muss allerdings die Toilette täglich leeren und die Streu wechseln.

SPIELZEUG
Katzen sind sehr verspielt. Oft reicht ein Papierknäuel, um sie lange zu beschäftigen. Katzenspielzeug sollte niemals Schnüre besitzen, in denen sich die Katze verfangen und strangulieren kann.

HALSBAND
Manche Katzenhalter meinen, Katzen sollten kein Halsband tragen, weil sie damit an Ästen oder Zweigen hängen bleiben. Doch aus einem elastischen Halsband können sie sich notfalls befreien. In großen Städten sollten Katzen ein Halsband mit Erkennungsmarke tragen.

Das Frontgitter kann sicher verschlossen werden.

AUF REISEN
Katzen hassen es, wenn man sie aus ihrem Revier reißt. Sie bemerken schon lange im Voraus, wenn ihre Besitzer in Urlaub fahren wollen. Oft ist es besser, die Katze zu Hause zu lassen und jemanden mit der Pflege zu beauftragen. Ist dies nicht möglich, sollte man das Tier in einem sicheren Katzenreisekorb mit seiner Lieblingsdecke mitnehmen. An den Korb muss sich die Katze schon einige Zeit vorher gewöhnen.

KATZENKORB
Die wenigsten Katzen nehmen einen Schlafkorb an, wenn er nicht richtig, d.h. nach ihrem Besitzer riecht. Daher legt man den Katzenkorb zuerst mit Zeitung aus, damit keine Zugluft hindurch kann, und gibt dann eine alte Decke oder ein Kleidungsstück hinein, damit die Katze sich heimisch fühlt. Katzenschlafplätze müssen flohfrei gehalten werden, im Notfall kann man ein Insektengift verwenden, das für die Katze unschädlich ist.

LUFT UND LIEBE
Eine Katze braucht nicht nur Futter, sie braucht auch Zuwendung. Als Gegenleistung bringt auch sie ihrem Besitzer Zuneigung entgegen. Vor allem alte und einsame Menschen wissen eine Katze zu schätzen.

Wusstest du das?

Erstaunliche Fakten

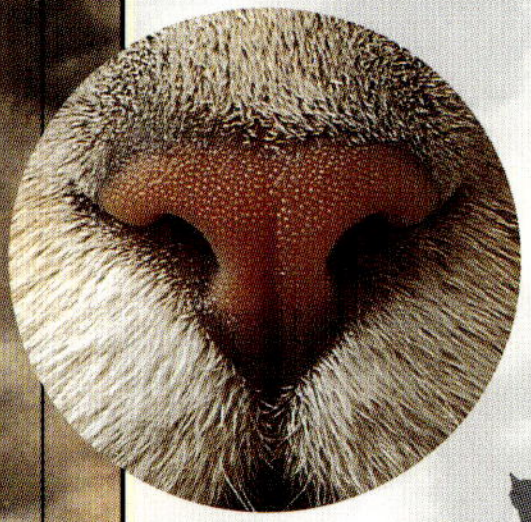

Nasenspiegel einer Katze

Die kleinen Rillen und Felder des Nasenspiegels einer Katze bilden ein Muster, das bei jeder Katze anders ist – genau wie unsere Fingerabdrücke.

Auf der Welt leben derzeit über 500 Mio. Hauskatzen.

Mit 110–140 Schlägen pro Minute schlägt das Herz einer Katze beinahe doppelt so schnell wie das eines Menschen.

Für eine Katze ist das Gras rot. Katzen sind teilweise farbenblind. Deshalb sehen Rottöne für sie grün und Grüntöne rot aus.

In nur sieben Jahren könnte ein Katzenpärchen zusammen mit seinem Nachwuchs insgesamt 420 000 Kätzchen in die Welt setzen.

Isaac Newton, der Entdecker der Schwerkraft, ist auch der Erfinder der Katzenklappe.

Die südostasiatische Flachkopfkatze kann ausgezeichnet Fische fangen. Dank der Schwimmhäute zwischen ihren Zehen schwimmt sie auch sehr gut.

Die Hauskatze ist die einzige Katzenart, die ihren Schwanz beim Gehen senkrecht hält. Wildkatzen halten ihn dabei waagerecht oder ziehen ihn zwischen die Hinterbeine ein.

Katze mit hochgerecktem Schwanz

Katzen können in der Dämmerung, der besten Jagdzeit, gut sehen. Der Grund dafür ist die *Tapetum lucidum* genannte Schicht Licht reflektierender Zellen hinter ihrer Netzhaut, die das schwache Dämmerlicht bündelt und dadurch verstärkt. Wenn es ganz dunkel ist, sehen auch Katzen nichts, finden sich aber mithilfe von Gehör, Geruchssinn und ihrer Schnurrhaare zurecht.

Die über 20 Muskeln an jedem Katzenohr ermöglichen es Katzen, ihre Ohren um bis zu 180° zu drehen.

Beinahe alle Schildpattkatzen sind weiblich, weil diese Färbung an die weiblichen Gene gebunden ist.

Im Durchschnitt verbringen Katzen zwei Drittel des Tages schlafend. Umgerechnet ist eine neunjährige Katze also nur drei Jahre ihres Lebens wach gewesen.

Nickerchen

Katzen miauen Menschen oft an, andere Katzen dagegen so gut wie nie.

Bei Königsgeparden, einer Mutation des afrikanischen Geparden, sind die schwarzen Flecken zu beiden Seiten der Wirbelsäule zu zwei Streifen verschmolzen.

Was sich unmittelbar vor ihrer Nase befindet, kann eine Katze nicht sehen, weil ihr da die Nase im Weg ist.

Auf das Töten einer Katze stand im alten Ägypten die Todesstrafe.

Im Verhältnis zu seiner Körpergröße hat der Nebelparder von allen Katzen die größten Eckzähne. Sie können bis zu 4,5 cm lang sein.

Eine durchschnittliche Portion Katzenfutter entspricht ungefähr dem Nährwert von fünf Mäusen.

Katzen putzen sich sehr gründlich.

Katzen sind extrem saubere Tiere: Ungefähr ein Drittel ihrer wachen Zeit verbringen sie damit, sich zu putzen.

Einer jüdischen Sage zufolge befürchtete Noah, Ratten würden die gesamten Vorräte der Arche auffressen. Da ließ Gott die Löwin niesen und aus ihrer Nase kamen zwei Katzen.

Dass das Fell mancher Katzen im Gesicht, an den Ohren oder am Schwanz dunkler gefärbt ist als am restlichen Körper, hängt mit der Körper- und Außentemperatur zusammen. Die sogenannten Point-Markierungen entstehen durch ein Gen, das an den warmen Stellen des Körpers eine dunkle Färbung verhindert und sie in kühleren Körperregionen zulässt. Der Kontrast zwischen der Färbung des Körpers und der Points ist in kühleren Ländern stärker, weil diese Körperregionen hier noch kühler sind.

Nebelparder

Fragen und Antworten

Der Kristallpalast in London

F Wo fand die erste Katzenausstellung statt?

A Im Londoner Kristallpalast am 13. Juli 1871.

F Was haben die Schwanzbewegungen einer Katze zu bedeuten?

A Wenn sie verärgert ist, bewegt die Katze ihren Schwanz hin und her. Ist sie sehr aufgeregt, werden diese Bewegungen schneller. Ein zuckender Schwanz verrät Aufregung oder Neugier.

F Wie gut kann eine Katze riechen?

A Eine Katze riecht eine andere Katze auf 100 m Entfernung. Zum Wittern setzen Katzen nicht nur ihre Nase ein, sondern auch das Jacobson-Organ an ihrem Gaumen.

F Wie viele Krallen hat eine Katze?

A Die meisten Katzen haben an den Vorderpfoten fünf Zehen und an den Hinterpfoten vier. An jeder Zehe sitzt eine scharfe Kralle.

F Welche Farbe haben Katzenaugen?

A Katzenaugen sind oft auffällig gefärbt. Manche Katzen haben sogar verschiedenfarbige Augen. Einige Rassen werden auch auf eine bestimmte Augenfarbe hin gezüchtet.

F Wie lange leben Katzen?

A Eine gesunde Katze kann 12–15 Jahre alt werden, mitunter sogar 18 oder 19 Jahre.

Katzen reiben sich gern an Menschen.

F Warum reiben sich Katzen an unseren Beinen?

A Wenn sich Katzen an Menschen oder an anderen Katzen reiben, markieren sie diese mit ihrem Geruch. Dabei setzen sie Drüsen ein, die zwischen ihren Augen und Ohren bzw. am Schwanzansatz sitzen.

Kartäuserkatzen haben oft orangefarbene Augen.

F Wie viele Zähne hat eine erwachsene Katze?

A Eine ausgewachsene Katze hat 30 Zähne, mit denen sie ihre Nahrung packen, zerschneiden und zerreißen, aber nicht zermahlen kann. Kätzchen verfügen über 26 Milchzähne. Der Zahnwechsel erfolgt im Alter von sechs Monaten.

F Wie können sich Katzen durch enge Spalten zwängen?

A Weil Katzen keine Schlüsselbeine haben, ist der Kopf bereits der breiteste feste Teil ihres Körpers. Wenn Katzen also irgendwo mit dem Kopf durchkommen, können sie auch den übrigen Körper hindurchquetschen.

Katzen kommen (fast) überall durch.

Rekordverdächtig

MUTTER DER MEISTEN KÄTZCHEN
Eine Katze namens Dusty brachte im Lauf ihres Lebens mehr als 420 Kätzchen zur Welt. Den letzten Wurf gebar sie im Alter von 18 Jahren.

DER WELTBESTE MÄUSEFÄNGER
Die in Schottland zur Schädlingsbekämpfung eingesetzte Katze Towser tötete im Lauf ihres 21-jährigen Lebens 28 899 Mäuse und damit im Durchschnitt vier Mäuse am Tag.

DIE GRÖSSTE KATZENRASSE
Die größten aller Rassekatzen sind die Ragdolls. Die Kater erreichen ein Gewicht von stattlichen 5,4–9 kg, die Weibchen immerhin noch 4,5–6,8 kg.

DIE KLEINSTE KATZENRASSE
Die kleinste Katzenrasse heißt Singapura. Kater werden ungefähr 2,7 kg schwer, Weibchen um 1,8 kg.

Singapura-Kätzchen

Rassen bestimmen

Katzen werden seit über 100 Jahren gezielt gezüchtet. In diesem Zeitraum veränderte sich das Aussehen der einzelnen Katzenrassen beträchtlich. Rassestandards beschreiben das erwünschte Erscheinungsbild einer Rasse und legen Richtlinien bezüglich Färbung, Zeichnung und Wesen fest. Neue Rassen entstehen durch spontane Veränderungen oder aber durch die Kreuzung zweier bestehender Rassen oder von Hauskatzen und Wildkatzen.

RASSEKATZE ODER KREUZUNG?
Eine reinrassige Katze stammt von Elterntieren ab, die derselben Rasse angehören. Eine Kreuzung hat Elterntiere aus verschiedenen Rassen oder aber solche, die bereits Kreuzungen sind.

Katzenmutter mit Kätzchen

Felllänge

Je nach Felllänge teilt man Katzen in drei Gruppen ein. Bei Langhaarkatzen ist das Fell so dick, dass sie doppelt so groß aussehen können, als sie tatsächlich sind. Bei Kurzhaarkatzen kann das Fell weich oder rau sein, mit geraden, gekreppten, lockigen oder welligen Haaren. Die Sphinxkatze ist die einzige haarlose Rassekatze.

Die Maine Coon ist eine Langhaarkatze.

Britisch Kurzhaar in der Fellfarbe Blau

Eine haarlose Sphinxkatze

Farben und Zeichnungen

Durch Züchtung entstand bei den Katzenrassen eine Vielfalt von Fellfärbungen und Zeichnungen.

Als Tabby bezeichnet man eine Zeichnung von dunklen Streifen und Tupfen auf hellerem Hintergrund in den Farben Blau, Braun, Cremefarben, Rot und Silber.

Getupfter Silber-Tabby

Schwarz

Einfarbiges Fell kann schwarz, blau (dunkelgrau), braun, cremefarben, lavendelfarben (hellgrau), rot (orangefarben) oder weiß sein.

Schildpatt-Smoke-Langhaarkatze

Smoke (engl. für „Rauch“) sagt man, wenn die Unterwolle weiß und die Deckhaare dunkel sind.

Von einem mehrfarbigen Fell spricht man, wenn zwei oder mehr deutlich unterscheidbare Farben auftreten, wie z.B. Schwarz und Weiß. Schildpatt bezeichnet ein Fell mit schwarzen, roten und cremefarbenen Flächen, Calico eins mit schwarzen, weißen, roten und cremefarbenen.

Schildpatt mit Weiß

Die Färbung Shaded sieht ähnlich wie Smoke aus, nur dass die dunklere Farbe hier ausschließlich in den Spitzen der Leithaare vorkommt.

Red Shaded Cameo

Katzenrassen

Bei Züchtern und Katzenfreunden sehr beliebt sind u. a. die folgenden Rassen:

PERSERKATZE
Von allen Hauskatzen besitzt sie das längste und dichteste Fell und braucht entsprechende Pflege. Das Gesicht ist rund und flach, die Ohren sind klein.

Weißer Langhaar-Perser mit orangefarbenen Augen

Cremefarbene türkische Van-Katze

VAN-KATZE
Eine türkische Rasse von Halb-Langhaarkatzen. Das Fell mit dünnerer Unterwolle fühlt sich seidig und weich an.

Cremefarbene Britisch Kurzhaar mit Points

BRITISCH KURZHAAR
Besondere Merkmale sind der große, rundliche Körper und das runde Gesicht. Es gibt sie in vielen Farben und Zeichnungen.

Die dunkelsten Points befinden sich an Schwanz und Kopf.

EXOTISCHE RASSEN
Zu dieser Gruppe zählen viele interessant aussehende Katzen, darunter die Ocicat, eine relativ junge Rasse, die von Siamesen, Abessiniern und Amerikanisch Kurzhaar abstammt. Eine weitere ist die Cornish Rex mit kurzem, lockigem Haar und muskulösem Körperbau. Die Singapura ist eine sehr kleine Katze mit geticktem Fell.

Rote Tiffanie

Tabby-Zeichnung im Gesicht

Europäischer Burmese

BURMESE
Burmesen haben kurzes und seidig glänzendes Fell, einen muskulösen Körper und schlanke Beine. Es gibt sie einfarbig, in mehreren Farben und auch in Schildpatt.

Chocolate-Point-Siamese

Bei Katzen mit Points ist das Fell am Körper einfarbig und an den kühleren Körperregionen (Gesicht, Ohren, Beine, Pfoten und Schwanz) dunkler gefärbt.

Bei getickten Fellen sind die einzelnen Haare gestreift.

Beigefarbener Abessinier

ORIENTALISCHE KATZEN
Orientalische Kurzhaarkatzen haben ein glänzendes Fell, ein keilförmiges Gesicht und große Ohren. Der Körperbau ist schlank, Beine und Schwanz sind lang. Die Orientalische Langhaarkatze ist ähnlich gebaut und verfügt über ein feines, seidiges Fell ohne Unterwolle.

Graue Orientalisch Kurzhaar

Große Ohren und lange, gerade Nase

SIAMESE
Auch Siamesen haben keilförmige Gesichter, langgezogene Körper, schlanke Beine und große, breite Ohren. Stets weisen sie Points auf, die sich vom hellen Fell des Körpers deutlich abheben.

Am Rücken dunkler als am Bauch

Blue-Point-Siamese

Neugierig geworden?

Auch wenn man selbst keine Katze hat, gibt es viele Möglichkeiten, sich mit Katzen zu beschäftigen. Du kannst zum Beispiel Ausstellungen von Rassekatzen besuchen. Hier erfährst du viel über die Zucht von Rassekatzen und den Umgang mit ihnen. Du kannst auch im Tierheim deines Ortes mithelfen oder die dort untergebrachten Katzen besuchen und dich mit ihnen beschäftigen. Wenn du ein Fan von Großkatzen bist, siehe sie dir doch im Zoo oder in einem Safaripark aus nächster Nähe an.

EINE EIGENE KATZE
Wenn du vorhast, dir eine eigene Katze zuzulegen, solltest du dich erst einmal darüber informieren, was Katzen alles brauchen und wie man sie füttert und pflegt. Die Verbände der Katzenzüchter und Tierschutzvereine bieten auf ihren Internetseiten dabei Rat und Hilfe an. Katzen bekommt man von Züchtern, über Kleinanzeigen in der Zeitung oder aus dem Tierheim.

Die weiß gekleideten Richter sehen sich die Katzen im Wettbewerb genau an.

KATZENAUSSTELLUNGEN
Auf diesen Ausstellungen kann man viel lernen. Das ganze Jahr über findet immer irgendwo eine statt und gewöhnlich sind sie nachmittags für das Publikum geöffnet. Es gibt kleinere, bei denen etwa 60 Tiere gezeigt werden, und riesige, an denen 1000 Katzen und mehr teilnehmen. Je größer die Ausstellung, desto mehr verschiedene Katzenrassen wirst du dort sehen.

Zuchtkatzen haben oft schon viele Preise gewonnen.

WILLKOMMEN IM CLUB!
Erkundige dich, ob du einem Verein für Katzenfreunde beitreten kannst, der sich mit einer bestimmten Rasse oder aber mehreren Rassen befasst. Clubs und Vereine organisieren oft Ausstellungen und können fleißige Helfer immer gut gebrauchen. Bei diesen Gelegenheiten triffst du Katzenzüchter und kannst eine Menge über Katzen erfahren.

SÜSSE KÄTZCHEN
Das Züchten von Rassekatzen ist eine zeitaufwendige Beschäftigung. Die Kätzchen bleiben bis zum Alter von 13 Wochen und mindestens noch eine Woche nach der letzten Impfung bei der Mutter (sie müssen mehrmals hintereinander geimpft werden). Auf diese Weise kann man sicherstellen, dass sie beim Umzug in ihr neues Zuhause gesund und gut geschützt sind. Die trächtige und später säugende Katzenmutter und ihre Kätzchen benötigen viel Pflege und Aufmerksamkeit.

In ihrer Familie fühlen sich die Kätzchen geborgen.

Orientalisch Kurzhaar haben große Ohren und einen keilförmigen Kopf.

Besuche doch mal …

KATZENMUSEEN

- Katzenmuseum in Traunstein (Bayern)
  Über 6000 Katzenfiguren und weitere 6000 Exponate, wie z. B. Schmuck- und Uhrenkatzen, Katzenbriefmarken oder Katzenpostkarten aus drei Jahrhunderten.
- Kleines Katzenmuseum in Lichterfelde (Berlin)
  Privatsammlung, die auf Anfrage besichtigt werden kann, mit u. a. über 1000 Porzellanfiguren, aber auch Spieluhren, Armbanduhren, Fingerhüten und Lampen rund um das Thema Katze.

ZOOS

- Zoo Aschersleben: Hier kann man viele Klein- und Großkatzen bewundern. Die Tiger – darunter auch eine seltene weiße Tigerin – leben in einer 2000 m^2 großen Anlage. Rund um diese Anlage herum führt ein „Abenteuerparcours", sodass man den großen Katzen atemberaubend nahe kommt.
- Zoologischer Garten der Stadt Wuppertal: Das mit 1 ha Fläche größte Zoo-Löwengehege Deutschlands wurde 2007 eingeweiht. Die Löwen faulenzen im hohen Gras oder thronen auf den Felsen ihrer liebevoll nachgebauten „Savanne" – und die Besucher können ihnen durch große Panoramascheiben dabei zusehen. Dicke Scheiben trennen die Menschen auch von den Sibirischen Tigern, die im „Tal der Tiger" untergebracht sind.

KATZENAUSSTELLUNGEN

Katzenausstellungen finden regelmäßig in Städten und größeren Gemeinden statt. Gezeigt und von Richtern bewertet werden dabei verschiedene Katzenrassen und manchmal auch ganz gewöhnliche Hauskatzen. Auch bei Heimtiermessen stehen Katzenschauen auf dem Programm. Zwei größere Veranstaltungen dieser Art, die alljährlich stattfinden, sind:

- Berliner Heimtiermesse
- Katzenausstellung in Basel (Schweiz)

GROSSKATZEN

In Safariparks laufen die Tiere frei herum und die Besucher sitzen in Autos, in denen sie das Gelände und seine Bewohner besichtigen. Die Großkatzen können sich hier fast so verhalten wie in freier Wildbahn und du darfst sie in aller Ruhe dabei beobachten.

Die Tiere sind an den Anblick von Autos gewöhnt.

STREUNER

Leider holen sich viele Leute eine Katze ins Haus, ohne vorher überlegt zu haben, ob sie sich wirklich um sie kümmern können und wollen. Wenn ihnen das Tier lästig wird, setzen sie es einfach aus. Dann gibt es noch die Leute, die ihre Katzen misshandelt haben und denen sie weggenommen werden mussten. Um ausgesetzte oder misshandelte Katzen kümmern sich die örtlichen Tierschutzvereine. Freiwillige Helfer sind dort immer willkommen!

INTERNETADRESSEN

- Woher kommen Katzen?
  www.br-online.de/kinder/fragen-verstehen/wissen/2003/00334/
- Warum schnurren Katzen?
  www.kinder-hd-uni.de/husten/husten9.html
- Finde heraus, ob sich eine Katze für dich als Haustier eignet.
  www.tierchenwelt.de/haustiere/haustier-katze/1674-haustier-katze-vorteile-nachteile.html
- Lerne Katzen zu verstehen.
  www.kinder-hd-uni.de/husten/husten11.html
- Der Tiger ist die größte lebende Raubkatzenart.
  www.medienwerkstatt-online.de/lws_wissen/vorlagen/showcard.php?id=17772&edit=0
- Teste dein Wissen über Katzenrassen.
  www.baeren-blatt.de/flash_grafik/katzen_quiz/index.htm
- Hier erfährst du viel über Raubkatzen.
  www.big-cats.de

Glossar

ABSETZEN Wenn ein Jungtier nicht mehr gesäugt und stattdessen an feste Nahrung gewöhnt wird.

ART In der Systematik eine Gruppe ähnlicher Tiere, die sich miteinander fortpflanzen können und Junge bekommen, die wie sie selbst aussehen. Jede Art trägt ihren eigenen wissenschaftlichen Namen, der international benutzt wird. Unsere Hauskatzen gehören z. B. der Art der *Felis silvestris* an.

BALLEN Die ledrigen, unbehaarten Flächen an der Fußsohle von Katzen.

BAND Festes Gewebe, das Knochen und Knorpel verbindet und Muskeln stützt.

BRECHSCHERE Die Backenzähne der Katze, die so angeordnet sind, dass sie mit ihnen Knochen brechen kann.

Die vier großen Eckzähne

DECKHAAR Die obere Fellschicht einer Katze, aus Grannenhaaren und Leithaar bestehend.

DOPPELTES FELL Fell, das aus einer kurzen und einer langen Haarschicht besteht, der Unterwolle und dem Deckhaar.

ECKZÄHNE Vier lange und spitze Zähne, die einander in Ober- und Unterkiefer paarweise zu beiden Seiten der Vorderzähne gegenüberstehen. Manche Katzen töten ihre Beute mit den Eckzähnen.

EINFARBIG Katze, deren Fell nur eine einzige Farbe aufweist.

FAMILIE In der Systematik eine Gruppe, die Teil einer Ordnung ist. Felidae ist der Name der Familie der Katzen.

FELLWECHSEL Der Verlust von Haaren, der ermöglicht, dass neue nachwachsen. Bei Katzen findet der Fellwechsel v. a. im Frühjahr statt, wenn das dichte Winterfell ausfällt.

GEDRUNGEN Von kräftigem, kompaktem Körperbau.

GETICKT Fell einer Katze, bei der jedes Haar mehrere Farbstreifen aufweist, also „gebändert" ist.

GRANNENHAARE Festere, längere Haare mit verdickten Spitzen des Deckhaars. Sie sind länger als die feinen Haare der Unterwolle.

HALBLANGHAAR Katze mit längerem Deckhaar und verhältnismäßig dünner Unterwolle.

INZUCHT Das Kreuzen von Tieren, die eng miteinander verwandt sind. Durch Inzucht werden gewünschte Merkmale und Eigenschaften verstärkt, sie führt aber oft auch zu Missbildungen.

JACOBSON-ORGAN Ein Geruchs- und Geschmacksorgan am Gaumen der Katze.

JAULEN Schrei der weiblichen Katze, wenn sie rollig ist. „Rollig" bedeutet, dass eine Katze paarungsbereit ist: Wenn sie sich in diesem Zeitraum mit einem Kater paart, kann sie schwanger werden.

KASTRAT Ein Tier, das kastriert wurde. Ihm wurden also die Geschlechtsorgane – das sind die Hoden bei einem Kater und die Eierstöcke bei einer Katze – in einer Operation komplett entfernt. Kastrierte Tiere können keinen Nachwuchs mehr zeugen bzw. bekommen. Bei Katzenausstellungen treten Kastraten oft als gesonderte Klasse an.

KATER Männliche Katze.

Eine Europäische Wildkatze

Vor der Ausstellung wird die Katze gekämmt.

KITTEN Englisches Wort für „Kätzchen", das in Züchterkreisen auch bei uns verwendet wird.

KLASSE In der Systematik eine Gruppe und Teil eines Stamms. Eine Klasse umfasst eine oder mehrere Ordnungen. Katzen gehören der Klasse der Säugetiere an.

KNICKOHR Katze mit gefalteten, dicht am Kopf anliegenden Ohren.

KRALLE Scharfes, gebogenes Horngebilde an Fingern und Zehen von Säugetieren, unserem Fingernagel entsprechend. Katzen – mit Ausnahme der Geparden – sind die einzigen Tiere, die ihre Krallen ausfahren und einziehen können.

KREUZEN Das Paaren von zwei Tieren, die verschiedenen Rassen angehören.

KURZHAAR Eine Katze mit kurzem Fell.

LANGHAAR Katze mit langem und dichtem, doppeltem Fell.

LAUERJÄGER Raubtiere, die jagen, indem sie ihre Beute belauern. Eine Katze tut dies z. B., indem sie reglos vor dem Mauseloch liegt.

LEBENSRAUM Die Umgebung, in der ein Tier von Natur aus vorkommt.

LEITHAARE Lange Haare des Deckhaars.

MÄHNE Lange Haare, die am oder um den Hals herum wachsen. Bei Hauskatzen wie z. B. Persern spricht man jedoch eher von Fellkragen oder Halskrause.

MEHRFARBIG Fell, das zwei oder mehr klar unterscheidbare Farben aufweist.

MUTATION Eine Veränderung im genetischen Bauplan eines Lebewesens, die mitunter das Aussehen der Nachkommen verändert.

NASENSPIEGEL Die unbehaarte Haut vorn an der Katzennase.

ORDNUNG In der Systematik die Gruppen, aus denen sich eine Klasse zusammensetzt. Eine Ordnung umfasst eine oder mehrere Familien. Die Katzen gehören der Ordnung der Raubtiere an.

PAPILLEN Die harten, glänzenden kleinen Zapfen auf der Zunge einer Katze. Sie helfen dem Tier beim Aufnehmen von Wasser und beim Putzen des Fells.

POINTS Dunkler gefärbte Stellen an Beinen, Pfoten, Schwanz, Kopf und Ohren.

PUTZEN Katzen putzen sich sehr sorgfältig und „waschen" sich sogar mit der Zunge und der mit Speichel angefeuchteten Pfote.

RASSE Eine Gruppe von Katzen mit gemeinsamen Merkmalen. Menschen züchten Rassen von Haustieren, um Tiere zu erhalten, die besondere Eigenschaften aufweisen, z. B. einen bestimmten Typ Fell oder eine bestimmte Kopfform. Ohne die züchterische Auswahl können sich diese Merkmale im Lauf der Generationen schnell verlieren.

RASSESTANDARD Die festgelegten Anforderungen an eine bestimmte Rasse. Sie betreffen Aussehen, Größe, Gewicht, Farbe usw.

RAUBTIER Säugetier aus der Ordnung der Raubtiere oder Carnivora. Alle Raubtiere besitzen Zähne, die sich zum Beißen und Zerkleinern von Fleisch eignen. Die meisten von ihnen leben überwiegend von Fleisch.

REINRASSIG Zuchttier, dessen Eltern beide derselben Rasse angehören.

SCHILDPATT Katzen mit schwarzen, hellen und roten Flecken auf dem Fell. Schildpattkatzen sind in der Regel weiblich.

Eine Katze säugt ihre Jungen.

SCHNURREN Ein leises, vibrierendes Geräusch, das gewöhnlich Wohlbehagen ausdrückt. Es entsteht möglicherweise durch das Vibrieren des Zungenbeins. Hauskatzen und andere kleine Katzen schnurren, während die meisten Großkatzen nur brüllen können.

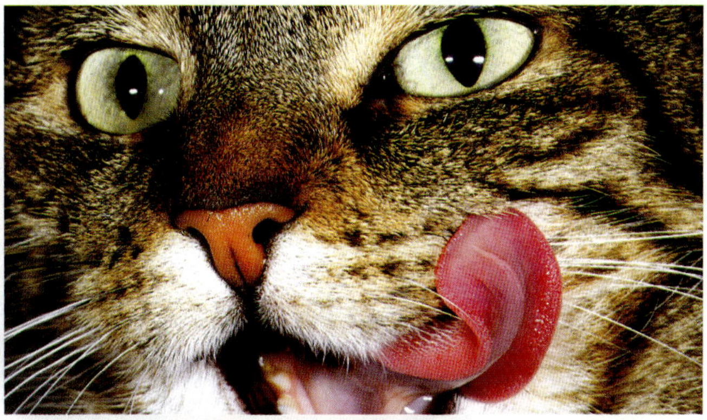

Die Papillen auf der Katzenzunge

SCHNURRHAARE Die langen Tasthaare zu beiden Seiten der Mund-Nasen-Partie einer Katze. An den Wurzeln der Schnurrhaare liegende Nerven leiten die Tastreize zum Gehirn.

SEHNE Festes Bindegewebe, das Muskel mit Knochen verbindet.

SKELETT Das Gerüst aus Knochen, das dem Körper eines Wirbeltiers seine Form gibt, als Verankerung für die Muskeln dient, die inneren Organe schützt, Blutzellen produziert und Mineralstoffe speichert.

SMOKE Eine Katze, deren Deckhaare dunkler als die Unterwolle sind.

SPHINX Katzenrasse, deren Haut abgesehen von etwas flaumigem Fell an den Beinen haarlos ist.

SPRITZEN Unkastrierte Kater markieren ihr Revier, indem sie ihren Urin verspritzen.

STAMM In der Zoologie eine große Gruppe von Lebewesen. Ein Stamm umfasst eine oder mehrere Klassen. Katzen gehören dem Stamm Chordatiere an, der alle Tiere einschließt, die eine Wirbelsäule besitzen.

STAMMBAUM Die Aufzählung der Elterntiere und Vorfahren eines Rassetiers.

STROMUNG Eine Fellzeichnung von schwarzen Streifen auf dunklem Hintergrund.

TABBY Katze mit einem Fell, das nicht einfarbig, sondern gezeichnet ist. Man unterscheidet zwischen getigert, gestromt, getupft oder getickt.

TAPETUM LUCIDUM Die Schicht aus reflektierenden Zellen hinter der Netzhaut des Katzenauges, die das Licht widerspiegelt. Sie ermöglicht es der Katze, auch bei schwachem Licht noch gut zu sehen.

Eine türkische Van-Katze

TARNUNG Die Fell-, Gefieder- oder Hautfärbung eines Tiers, die den in seinem Lebensraum vorherrschenden Farben ähnelt oder aber – wie es bei Streifen oder Flecken der Fall ist – seine Umrisse optisch aufbricht. Tarnung kann sowohl für Raubtiere als auch für Beutetiere lebenswichtig sein.

VAN-ZEICHNUNG Fell einer Katze, das am Körper weiß und an Kopf und Schwanz farbig ist.

VERWILDERTE KATZEN Hauskatzen, die entlaufen sind oder ausgesetzt wurden und nun selbstständig anstatt in menschlicher Obhut leben.

WURF Die Gruppe der gemeinsam von einer Katzenmutter geborenen Jungen.

Register

Dank und Bildnachweis

Dorling Kindersley dankt Trevor Smith und der gesamten Belegschaft von Trevor Smith's Animal World; Jim Clubb von Clubb-Chipperfield; Nicki Barrass von A1 Animals; Terry Moore vom Cat Survival Trust; der Belegschaft des British Museum und dem Natural History Museum für ihre Unterstützung; Jacquie Gulliver und Lynne Williams für ihre Mitarbeit; Christian Sévigny und Liz Sephton für gestalterische Assistenz; Claire Gillard und Céline Carez für Lektoratsassistenz.

Illustrationen: Dan Wright

Der Verlag dankt den folgenden Personen und Institutionen für die freundliche Genehmigung zum Abdruck von Fotos:

(Abkürzungen: o = oben, go = ganz oben, u = unten, m = Mitte, l = links, gl = ganz links, r = rechts, gr = ganz rechts, Hg = Hintergrund)

Animals Unlimited: 53u. Ardea: R. Beames 40m. K. Fink 40gor. Bridgeman Art Library: 28gom, 62gol; Bibliothèque Nationale, Paris 28gou; Chadwick Gallery, Warwicks 52m; National Gallery, London 30gol Detailansicht; National Gallery of Scotland 54ul; Victoria & Albert Museum, London 20gol; Mit frdl. Genehmigung des Kuratoriums des British Museums: 6gor, 22ul, 31gor; Aus der Sammlung des Duke von Buccleuch und Queensberry KT: 16mr Detailansicht; Jean Loup Charmet: 7gor; Bruce Coleman Ltd: 57gor; Jen und Des Bartlett 13m, 23ul, 25m, 28m; Jane Burton 16um; Jane Burton & Kim Taylor 16ml; Eric Creighton 26ml; Gerald Cubitt 39ur, 43u; G. D. Plage 24ml; Hans Reinhard 12m, 16gol, 24ul, 37gom, 42–43; Norman Tomalin 45ul; Konrad Wothe 22ur; Rod Williams 11m, 33mu; Gunter Ziesler 42m, 43gol; E.T. Archive: 24gor, 62ur, © Sheila Roberts 1971, 63gom; Mary Evans Picture Library: 10ml, 19go, 27mr, 49gol, 49gor, 58ur; Werner Forman Archive: 33u, 35gor; Freer Gallery of Art, Washington: 21gol Detailaufnahme, Acc. No. 04.357; Robert Harding Picture Library: 49ul; Marc Henrie: 50ml; "Mr & Mrs Clark & Percy" 1970–71, © David Hockney/Foto Tate Gallery: 54gol; Michael Holford: 31gol, 31m, 35u, 37m, 47gor, 47ur, 48ml; Hulton-Deutsch Collection: 30u; Hutchison Library: 34m; Image Bank: 54ml; Images Colour Library: 47ul, 48gol, 58gol; Kobal Collection: 11ml, 22go, 49mr; M.R. Long: 9m; LYNX: 36gor; Mansell Collection: 13ul; Metropolitan Museum of Art: 57u; Museum of American Folk Art: 52go; National Gallery of Art, Washington: 55gor (Geschenk von Edgar William und Bernice Chrysler Garbisch); Natural History Museum: 8gol, 8ul, 12ul, 13gol, 13ur, 33m, 35m, 36mr, 37m, 38m; Natural History Photographic Agency: Agence Nature 18ul; Anthony Bannister 42u; Nigel Dennis 45gol; Patrick Fagot 19m; Peter Johnson 14ml, 45ml; Stephen Krasman 16gor; Gérard Lacz 12gol, 58gor, 59ul; Northampton Historical Society, Mass.: 15gom; Oxford Scientific Films: 37gol, 39gol; Roy Coombes 27m; Sean Morris 41u; Richard Packwood 12mu; Kjell Sandved 59ur; Bernard Schellhammer 53mr; Quadrant Picture Library: 42mu; Mit frdl. Genehmigung des Savoy: 51mr; Scala: Palazzo Medici Riccardi, Florenz 32ul Detailaufnahme; Museo Nationale, Neapel 46gol; Nationalmuseum, Athen 47gol; Spectrum Colour Library: 8ur; Frank Spooner Pictures: 61ur; Survival Anglia; Dieter und Mary Plage 32gol; Alan Root 27gor; Maurice Tibbles 14gor; Amoret Tanner: 28gol; Victoria & Albert Museum Picture Library: 43gor Detailaufnahme; Zefa: 16mgo; E. und P. Bauer 23ul, 38ul; M. N. Boulton 11ul; Bramaz 63ur; G. Dimijian 21mr; D. Kessel 35gol; Lummerc 20ur; Orion 19mu. Ardea London Ltd: John Daniels 64gol, 68mru; Masahiro Iijima 64ur; Corbis: Tom Brakefield 66–67; Roy Morsch 68–69; John Periam/Cordaiy Photo Library Ltd 69um; DK Images: Gables 70–71; Jerry Young 70um; Longleat Safari Park, Wiltshire: 69mlu; Masterfile UK: 68ml; Oxford Scientific Films: Richard Packwood 71gom; Rex Features: John Gooch 68–69gom. Philip Berry; Frank lane picture agency 65–65.

Poster: Corbis: Tom Brakefield - The Stock Conne / Science Faction mgr/ (Gepard); Dorling Kindersley: The Trustees of the British Museum mr/ (Statue), Philip Dowell ml/ (Jaguarfell), mo/ (Leopard), Natural History Museum, London gol, glmo/ (Skelett), Jerry Young gogr/ (Waldkatze); Getty Images: Vetta / Strategsigns, Inc. mgl/ (gelbe Augen).

Cover: *Vorn:* Corbis: Jim Zuckerman u. Dorling Kindersley: The British Museum mol. *Hinten:* Dorling Kindersley: The British Museum m; Natural History Museum, London ml.

Weitere Informationen unter www.dkimages.com

Weitere Themen in dieser Reihe:
(Bandnummer in Klammern)

Das alte Ägypten (8)
Das alte Griechenland (21)
Alte Kulturen (75)
Das alte Rom (38)
Arktis & Antarktis (67)
Astronomie (77)
Autos (25)
Azteken, Inka & Maya (28)
Bedrohte Tiere (5)
Burgen (24)
Christentum (34)
Computer (51)
Demokratie (30)
Deutschland (63)
Dinosaurier (1)
Edelsteine & Kristalle (62)
Eisenbahnen (19)
Die Erde (79)
Erdöl (71)
Der Erste Weltkrieg (68)
Die ersten Menschen (26)
Evolution (50)
Fahrzeuge & Transport (65)
Fische (13)
Flugmaschinen (41)
Fossilien (47)
Fußball (53)
Geld (59)
Gesteine & Mineralien (17)
Große Entdecker (12)
Große Musiker (42)
Große Wissenschaftler (33)
Haie (10)
Hunde (39)
Indianer (18)
Insekten (35)
Islam (56)
Katzen (23)
Klimawandel (11)
Kriminalistik (44)
Der Mensch (2)
Mesopotamien (81)
Mittelalter (70)
Das moderne China (58)
Mond (57)
Mumien (74)
Muscheln & Schnecken (78)
Musikinstrumente (14)
Mythologie (31)
Naturkatastrophen (76)
Naturwissenschaften (7)
Ozeane (32)
Pferde (43)
Pflanzen (48)
Piraten (36)
Pyramiden (60)
Raubtiere (52)
Regenwald (20)
Religionen (72)
Reptilien (69)
Ritter (16)
Säugetiere (45)
Schätze (6)
Schmetterlinge (73)
Skelette (82)
Spione (9)
Städte (3)
Strand & Meeresküste (55)
Teiche & Flüsse (27)
Tiere (64)
Titanic (22)
Urzeit (66)
Vögel (29)
Vulkane (37)
Waffen & Rüstungen (61)
Wale & Robben (80)
Wasser (40)
Weltall (15)
Wetter (46)
Wikinger (49)
Wirtschaft (4)
Der Zweite Weltkrieg (54)